高等职业教育系列教材

虚拟仪器技术

第 2 版

主　编　周冀馨

副主编　孙博玲

参　编　程亚平　刘振昌　傅连祺

U0258073

机 械 工 业 出 版 社

本书是根据高职高专院校电子类相关专业教学改革的形势和实际需要编写的，主要内容包括：虚拟仪器技术及 LabVIEW 入门、ELVIS 仪器、程序结构、数据类型、图形显示、字符串和文件 I/O、数据采集、数学分析、信号分析与处理、对话框与用户界面等。

本书强调以技能训练为主，以美国 NI 公司 ELVIS 仪器为平台，开发了10 个实训，对学生系统掌握 LabVIEW 编程和数据采集卡的应用大有益处。

本书要点突出、概念清晰、说明细致透彻，力求使教师好教，学生好学。充分考虑学生的认知规律，边讲边练。每章后附有小结并配有一定的练习与思考。

本书适合高职高专院校电子类、机电类等相关专业教学使用，也可作为工程技术人员的参考用书。

本书配有授课电子课件，需要的教师可登录 www.cmpedu.com 免费注册，审核通过后下载，或联系编辑索取（QQ：1239258369，电话：010-88379739）。

图书在版编目（CIP）数据

虚拟仪器技术/周冀馨主编 . —2 版 . —北京：机械工业出版社，2018.1
（2024.1 重印）

高等职业教育系列教材

ISBN 978-7-111-58789-7

Ⅰ.①虚…　Ⅱ.①周…　Ⅲ.①虚拟仪表-高等职业教育-教材
Ⅳ.①TH86

中国版本图书馆 CIP 数据核字（2017）第 320049 号

机械工业出版社（北京市百万庄大街 22 号　邮政编码 100037）
策划编辑：王　颖　责任编辑：王　颖
责任校对：郑　婕　责任印制：李　昂
北京捷迅佳彩印刷有限公司印刷
2024 年 1 月第 2 版第 5 次印刷
184mm×260mm · 11 印张 · 259 千字
标准书号：ISBN 978-7-111-58789-7
定价：39.90 元

电话服务　　　　　　　　　网络服务
客服电话：010-88361066　　机 工 官 网：www.cmpbook.com
　　　　　010-88379833　　机 工 官 博：weibo.com/cmp1952
　　　　　010-68326294　　金 书 网：www.golden-book.com
封底无防伪标均为盗版　机工教育服务网：www.cmpedu.com

高等职业教育系列教材
电子类专业编委会成员名单

出 版 说 明

党的二十大报告首次提出"加强教材建设和管理",表明了教材建设国家事权的重要属性,凸显了教材工作在党和国家事业发展全局中的重要地位,体现了以习近平同志为核心的党中央对教材工作的高度重视和对"尺寸课本、国之大者"的殷切期望。教材作为教育目标、理念、内容、方法、规律的集中体现,是教育教学的基本载体和关键支撑,是教育核心竞争力的重要体现。建设高质量教材体系,对于建设高质量教育体系而言,既是应有之义,也是重要基础和保障。为落实立德树人根本任务,发挥铸魂育人实效,机械工业出版社组织国内多所职业院校(其中大部分院校入选"双高"计划)的院校领导和骨干教师展开专业和课程建设研讨,以适应新时代职业教育发展要求和教学需求为目标,规划并出版了"高等职业教育系列教材"丛书。

该系列教材以岗位需求为导向,涵盖计算机、电子信息、自动化和机电类等专业,由院校和企业合作开发,由具有丰富教学经验和实践经验的"双师型"教师编写,并邀请专家审定大纲和审读书稿,致力于打造充分适应新时代职业教育教学模式、满足职业院校教学改革和专业建设需求、体现工学结合特点的精品化教材。

归纳起来,本系列教材具有以下特点:

1)充分体现规划性和系统性。系列教材由机械工业出版社发起,定期组织相关领域专家、院校领导、骨干教师和企业代表开展编委会年会和专业研讨会,在研究专业和课程建设的基础上,规划教材选题,审定教材大纲,组织人员编写,并经专家审核后出版。整个教材开发过程以质量为先,严谨高效,为建立高质量、高水平的专业教材体系奠定了基础。

2)工学结合,围绕学生职业技能设计教材内容和编写形式。基础课程教材在保持扎实理论基础的同时,增加实训、习题、知识拓展以及立体化配套资源;专业课程教材突出理论和实践相统一,注重以企业真实生产项目、典型工作任务、案例等为载体组织教学单元,采用项目导向、任务驱动等编写模式,强调实践性。

3)教材内容科学先进,教材编排展现力强。系列教材紧随技术和经济的发展而更新,及时将新知识、新技术、新工艺和新案例等引入教材;同时注重吸收最新的教学理念,并积极支持新专业的教材建设。教材编排注重图、文、表并茂,生动活泼,形式新颖;名称、名词、术语等均符合国家有关技术质量标准和规范。

4)注重立体化资源建设。系列教材针对部分课程特点,力求通过随书二维码等形式,将教学视频、仿真动画、案例拓展、习题试卷及解答等教学资源融入到教材中,使学生学习课上课下相结合,为高素质技能型人才的培养提供更多的教学手段。

由于我国高等职业教育改革和发展的速度很快,加之我们的水平和经验有限,因此在教材的编写和出版过程中难免出现疏漏。恳请使用本系列教材的师生及时向我们反馈相关信息,以利于我们今后不断提高教材的出版质量,为广大师生提供更多、更适用的教材。

机械工业出版社

前　言

虚拟仪器（Virtual Instrument，VI）是基于计算机的仪器，它是计算机技术、仪器技术和通信技术等多门技术相结合的产物，是人类进入信息时代、网络时代后，在数据采集、自动测试和仪器技术领域的一场革命。计算机和仪器的密切结合是目前仪器发展的一个重要方向，以通用的计算机硬件及操作系统为依托，实现各种仪器功能。

近些年来，虚拟仪器及其组态软件 LabVIEW 在我国的测试技术和教育领域得到了迅速推广。许多高职高专院校把虚拟仪器技术课程作为电子类、机电类等相关专业的必修课或是选修课，为了适应高职高专教育的改革和全国示范性院校建设的需要，实现技能型人才培养的目标，编者结合多年从事高职高专虚拟仪器教学的实践编写了本书。

本书突出了以下特点：

1）从虚拟仪器程序开发的不同阶段出发，由浅入深、循序渐进地介绍了 LabVIEW 编程语言和节点函数的使用方法。全书图文并茂，采用实例上机操作，突出了易学、易用和系统性、实用性。

2）强调以技能训练为主，以美国 NI 公司 ELVIS 仪器为平台，开发了 10 个实训，对读者系统掌握 LabVIEW 编程和数据采集卡的应用大有益处。

3）给出的例题、习题，以供强化概念。注意运用正文、例题、习题之间的分工和配合，尤其每章后的小结，起到提纲挈领、掌握要点的作用，帮助读者归纳、总结和掌握，引导读者思考理解，帮助深化概念，巩固所学知识。

本书可作为高职高专院校电子类、机电类等相关专业学生的教材，也可作为工程技术人员的参考用书。

本书由天津电子信息职业技术学院周冀馨任主编，哈尔滨学院的孙博玲任副主编，天津电子信息职业技术学院的程亚平、刘振昌、傅连祺参编。其中，周冀馨编写第 2、5、7 章，孙博玲编写第 4、6 章，刘振昌编写第 3 章，傅连祺编写第 8、9 章，程亚平编写第 1、10 章。

由于编者水平有限，书中难免存在疏漏之处，恳请广大读者批评指正。

编　者

目　　录

第 1 章 虚拟仪器技术及 LabVIEW 入门

☞ **要求**

掌握虚拟仪器的概念、虚拟仪器的构成、创建 LabVIEW 的前面板和流程图、程序的存储。

📖 **知识点**

- 虚拟仪器的概念
- 图形化编程语言
- LabVIEW 入门

📢 **重点和难点**

- 软件就是仪器的概念
- LabVIEW 入门

1.1 虚拟仪器

虚拟仪器（Virtual Instrumention，VI）是基于计算机的仪器。计算机和仪器的密切结合是目前仪器发展的一个重要方向。粗略地说，这种结合有两种方式，一种是将计算机装入仪器，其典型的例子就是所谓智能化的仪器。随着计算机功能的日益强大以及其体积的日趋缩小，这类仪器功能也越来越强大，目前已经出现含嵌入式系统的仪器。另一种方式是将仪器装入计算机。以通用的计算机硬件及操作系统为依托，实现各种仪器功能。虚拟仪器主要是指这种方式。图 1-1 所示的框图反映了典型的 PC—DAQ/PCI 虚拟仪器方案。

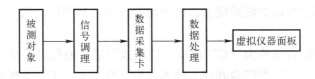

图 1-1 典型的 PC—DAQ/PCI 虚拟仪器方案

虚拟仪器的主要特点有：

1）尽可能采用通用的硬件，各种仪器的差异主要是软件。

2）可充分发挥计算机的能力，有强大的数据处理功能，可以创造出功能更强的仪器。

3）用户可以根据自己的需要定义和制造各种仪器。

虚拟仪器实际上是一个按照仪器需求组织的数据采集系统。虚拟仪器的研究中涉及的基础理论主要有计算机数据采集和数字信号处理。目前在这一领域内，使用较为广泛的计算机语言是美国 NI 公司的 LabVIEW。

1.1.1 虚拟仪器的发展

虚拟仪器的起源可以追溯到20世纪70年代，那时计算机测控系统在国防和航天等领域已经有了相当的发展。PC出现以后，仪器级的计算机化成为可能，甚至在Microsoft公司的Windows诞生之前，NI公司已经在Macintosh计算机上推出了LabVIEW2.0以前的版本。对虚拟仪器和LabVIEW长期、系统和有效的研究开发使得该公司成为业界公认的权威。

LabVIEW 8.6为多线程功能添加了更多特性。使用LabVIEW软件，用户可以借助于它提供的软件环境，该环境由于其数据流编程特性，LabVIEW Real – Time工具对嵌入式平台开发的多核支持，以及自上而下的为多核而设计的软件层次成为进行并行编程的首选。

普通的PC有一些不可避免的弱点。用它构建的虚拟仪器或计算机测试系统性能不可能太高。目前作为计算机化仪器的一个重要发展方向是制定了VXI标准，这是一种插卡式的仪器。每一种仪器是一个插卡，为了保证仪器的性能，又采用了较多的硬件，但这些卡式仪器本身都没有面板，其面板仍然用虚拟的方式在计算机屏幕上出现。这些卡插入标准的VXI机箱，再与计算机相连，就组成了一个测试系统。VXI仪器价格昂贵，后来又推出了一种较为便宜的PXI标准仪器。

虚拟仪器研究的另一个问题是各种标准仪器的互联及与计算机的连接。使用较多的是IEEE 488或GPIB协议，未来的仪器也应当是网络化的。

所有PC主流技术的新进展，不管是CPU的更新还是便携式计算机的进步，不管是操作系统平台的提升还是网络的应用扩展，都能够为虚拟仪器系统技术带来新的活力和飞跃。

1.1.2 LabVIEW 简介

LabVIEW（Laboratory Virtual instrument Engineering）是一种图形化的编程语言，它广泛地被工业界、学术界和研究实验室所接受，视为一个标准的数据采集和仪器控制软件。LabVIEW集成了与满足GPIB、VXI、RS – 232和RS – 485协议的硬件及数据采集卡通信的全部功能。它还内置了便于应用TCP/IP和ActiveX等软件标准的库函数，这是一个功能强大且灵活的软件。利用它可以方便地建立自己的虚拟仪器，其图形化的界面使得编程及使用过程都生动有趣。

图形化的程序语言又称为"G"语言。使用这种语言编程时，基本上不写程序代码，取而代之的是流程图。它尽可能地利用了技术人员、科学家、工程师所熟悉的术语、图标和概念。因此，LabVIEW是一个面向最终用户的工具。它可以增强用户构建自己的科学和工程系统的能力，提供了实现仪器编程和数据采集系统的便捷途径。使用它进行原理研究、设计、测试并实现仪器系统时，可以大大提高工作效率。

1.1.3 虚拟仪器与传统仪器的比较

传统的电子测量仪器（如示波器、万用表、频率计和信号源等）是由专业生产厂家制造的具有特定功能和仪器外观的测试设备，具有固定不变的操作面板，采用固定不变的电子线路和专用接口器件，固化的系统软件。因此，仪器的功能是固定的、用户的扩展性差，只能完成单一的或固定的测试工作。

虚拟仪器是一个全新的概念，多年前，美国国家仪器（National Instruments，NI）公司提出"软件即是仪器"的虚拟仪器（VI）概念，引发了传统仪器领域的一场重大变革。虚拟仪器是一种基于计算机的自动化测试仪器系统。虚拟仪器通过软件将计算机硬件资源与仪器硬件有机的融合为一体，从而把计算机强大的计算处理能力和仪器硬件的测量，控制能力结合在一起，大大缩小了仪器硬件的成本和体积，并通过软件实现对数据的显示、存储以及分析处理。从发展史看，电子测量仪器经历了由模拟仪器、智能仪器到虚拟仪器，由于计算机性能的飞速发展，已把传统仪器远远地抛到后面。用户通过鼠标和键盘操作虚拟仪器面板上的开关、旋钮和按键等选用仪器功能，设置各种参数，启动或停止一台仪器工作。虚拟仪器实现了测量仪器智能化、多样化和模块化，即在相同的硬件平台上由用户通过软件编程实现不同的测试与控制。表1-1为虚拟仪器与传统仪器的比较。

表1-1　虚拟仪器与传统仪器的比较

虚 拟 仪 器	传 统 仪 器
仪器功能由用户自己定义	仪器功能只有厂家能定义
关键是软件	关键是硬件
系统升级方便，通过网络下载升级程序	升级成本较高，升级必须厂家上门服务
价格低廉，仪器间资源可重复利用率高	价格昂贵，仪器间一般无法相互利用
开放灵活，可与计算机技术同步发展	固定的，仪器间相互配合较差
开发与维护费用降至最低	开发与维护开销高
技术更新周期短（0.5~1年）	技术更新周期长（5~10年）
自己编程硬件，二次开发强	无法自己编程硬件，二次开发弱
无限显示选项	有限显示选项
完整的时间记录和测试说明	部分的时间记录和测试说明
自动化的测试过程	测试过程部分自动化

1.1.4　虚拟仪器实验平台

虚拟仪器具有传统独立仪器无法比拟的优势，但它并不否定传统仪器的作用，它们相互交叉又相互补充，相得益彰。在高速度、高带宽和专业测试领域，独立仪器具有无可替代的优势。在中低档测试领域，虚拟仪器可取代一部分独立仪器的工作，但完成复杂环境下的自动化测试是虚拟仪器的拿手好戏，是传统的独立仪器难以胜任的，甚至不可思议的工作。

1）传统仪器一般只能单独测量某个电量，如电压表只能测量电压，信号源只能产生各种信号。而一台虚拟仪器可以同时构成多台仪器，这些仪器具有控制通道和数据通道，可以完成对多个参数的自动采集与分析、信息的存储显示、综合与控制，符合现代信息处理的要求。

2）对于越来越复杂的测试系统，如果还使用传统测试仪器，必须由多台仪器搭建，面对不同生产厂家的仪器，用户需要学习不同仪器的操作方法后才能正确使用。虚拟仪器具有良好的人机界面，菜单式操作，利用鼠标和键盘，大大简化了仪器操作，用户通过图形化界面控制仪器的运行，完成对信号的采集、分析、判断、显示及数据存储。

3）目前，微处理器、DSP技术和嵌入式系统等技术的快速发展改变了传统仪器设计理念，原来很多由硬件完成的功能逐步由软件完成，虚拟仪器具有自动化程度高、可靠性好、价格低、升级容易和系统维护好等优点。

4）虚拟仪器利用计算机强大处理显示功能，使仪器许多功能由计算机完成，如果需要增加某些功能，只需改变软件设计。

因此，基于虚拟仪器技术的电子测试仪器将成为新模式电子技术平台。

1.2 LabVIEW 的运行环境

使用 LabVIEW 软件开发的程序称为虚拟仪器程序，简称为 VI（Virtual Instruments）的程序设计主要在以下两个窗口进行。

1）前面板设计窗口（Front Panel）：用户接触的图形界面，即虚拟仪器操作面板。

2）流程图编辑窗口（Block Diagram）：用户完成特定功能而编写的程序，即图形化源代码。

1.2.1 程序启动

运行 LabVIEW 执行程序或双击 图标后，LabVIEW 的启动画面如图 1-2 所示。

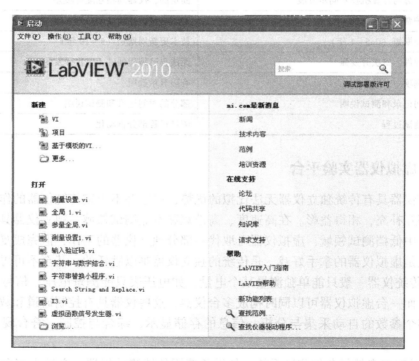

图 1-2 LabVIEW 的启动画面

通过该窗口可以新建 VI，选择最近打开的 LabVIEW 程序文件，查找范例以及打开 LabVIEW 帮助，同时还可查看各种信息和资源（例如，用户手册、帮助主题以及 NI 网站 ni.com 上的各种资源）。打开现有文件或新建文件后启动窗口消失。关闭所有已经打开的前面板和程序框图后可再次显示启动窗口。在前面板或程序框图窗口中选择查看→启动窗口，也可以显示启动窗口。

1.2.2　前面板设计窗口

前面板是图形用户界面，包括控制件和显示件两大部分。控制件包括旋钮和按钮等输入控件，显示件包括图表和 LED 等输出控件。控制件模拟传统仪器的输入装置，将数据输送给程序的流程图。显示件模拟传统仪器的输出装置，显示流程图中获取或生成的数据，如图 1-3 所示。

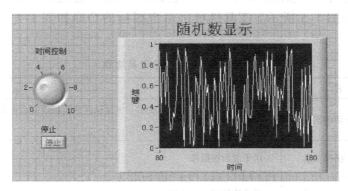

图 1-3　随机数显示前面板

1.2.3　流程图编辑窗口

流程图由端口、节点、图框和连线组成。

端口图标：程序框图传递数据的起点和终点，与前面板的控件对应。

节点：实现程序功能的基本单元，也可以称为函数或是子程序。

图框：被用来实现结构化控制命令。

连线：是程序框图中各个对象之间传递数据的通道。

图 1-4 是图 1-3 前面板对应的流程图，随机数发生器通过连线将产生的数据送到波形图表显示件，为了降低每次循环的速度，放置一个延时等待节点（等待下一个整数倍毫秒），放置一个 While 循环图框，可以连续产生数据，直到按下停止按钮才停止程序运行。

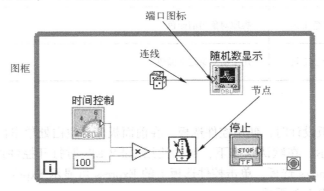

图 1-4　随机数显示流程图

5

1.2.4 操作面板

LabVIEW 有工具选板、控件选板和函数选板，这些模板反映了 LabVIEW 软件的功能与特征。

1. 工具选板

工具选板为用户提供创建、修改和调试程序的各种工具，当从工具选板中选择一种工具后，鼠标箭头变成该工具特有形状。弹出工具选板可以在查看菜单中选择工具选板命令或按住〈Shift〉键的同时单击鼠标右键，如图 1-5 所示。工具选板上每个图标的功能如表 1-2 所示。

图 1-5　工具选板

表 1-2　各个工具功能

图　标	名　称	功　　能
	自动功能选择	绿色指示灯点亮为自动状态。当鼠标在前面板或流程图对象上移动时，系统自动选择相应工具
	操作工具	用于前面板操作
	连线工具	用于流程图上的连线
	定位选择	用于选择、移动和改变对象大小
	文本编辑	创建文本
	对象菜单	用于弹出对象的属性菜单，作用与鼠标右键一样
	滚动工具	实现窗口漫游功能
	断点工具	在调试程序时，为程序设置断点
	探针工具	在数据线或节点上设置探针来观察数据变化
	取色工具	提取对象当前颜色
	着色工具	用于给对象定义颜色

2. 控件选板

在进行前面板设计时，使用控件选板。在前面板任意空白处单击鼠标右键将弹出控件选板，如图 1-6 所示。在默认状态下，初次使用 LabVIEW 时打开控件选板可显示 Express 选板。如未显示 Express 选板，单击控件选板上的 Express 可显示 Express 选板。控件选板上每个图标的功能如表 1-3 所示。

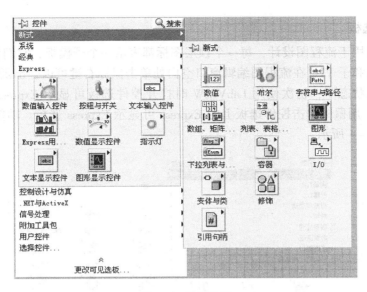

图 1-6 控件选板

表 1-3 控件选板

图　标	名　称	功　能
图钉	图钉	控件选板固定在窗口中
数字量	数字量	包含数值的控制和显示
布尔量	布尔量	逻辑值的控制和显示
字符串、路径	字符串、路径	字符串和路径的控制和显示
数组和簇	数组和簇	数组和簇的控制和显示
列表和表格	列表和表格	列表和表格的控制和显示
图形显示	图形显示	显示数据结果
下拉列表和枚举	下拉列表和枚举	下拉列表和枚举的控制和显示
容器	容器	分页控制、子面板控制、ActiveX 控件容器
I/O	I/O	提供与输入、输出有关的硬件接口
对话框控制	对话框控制	对话框控制和显示
经典控件	经典控件	提供早期的面板控件
引用句柄	引用句柄	用于文件、目录、设备和网络连接的参考数
修饰	修饰	用于前面板修饰

3. 函数选板

函数选板用于流程图设计，每一个顶层图标都表示一个子模板，它们包含了程序设计所需的函数节点和子 VI。在流程图编辑窗口空白处单击鼠标右键可以弹出函数选板，如图 1-7 所示。在默认状态下，初次使用 LabVIEW 时打开控件选板可显示 Express 选板。如未显示 Express 选板，用鼠标单击控件选板上的 Express 可显示 Express 选板。功能模板上每个图标的功能如表 1-4 所示。

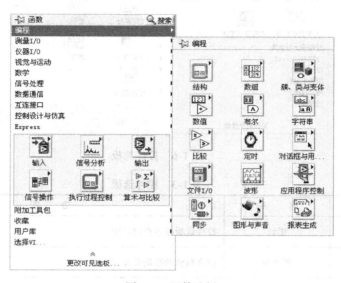

图 1-7 函数选板

表 1-4 功能模板

图 标	名 称	功 能
	结构	程序的结构控制
	数值	数值运算符号
	布尔	布尔运算符号
	字符串	字符串操作函数节点
	数组	数组运算与数组转换函数
	簇、类与变体	簇处理和簇常数
	比较	比较运算
	定时	时间函数、对话框窗口及错误端口
	文件 I/O	文件输入/输出管理及文件路径常数
	波形	波形测量工具和数学分析
	应用程序控制	外部程序或 VI 调用、打印菜单，帮助管理
	报表生成	报表的创建、存储和打印设置

1.3 虚拟仪器设计项目

一个最基本的虚拟仪器程序由3部分组成：一个人机对话的前面板，一个作为源代码的数据流程图以及图标/连接端口。

本节通过设计一个简单的温度转换器项目来说明虚拟仪器的设计方法。

1.3.1 项目要求

创建一个把数字式摄氏温度转换为数字式华氏温度的 VI，要求前面板通过转换开关实现当输入摄氏温度能够显示对应的华氏温度，而输入华氏温度时显示摄氏温度。

摄氏温度转换华氏温度的数学关系为

$$F = C \times 1.8 + 32 \tag{1-1}$$

华氏温度转换摄氏温度的数学关系为

$$C = (F - 32) \times \frac{5}{9} \tag{1-2}$$

摄氏温度转换华氏温度的对应关系如表1-5所示。

表1-5　温度转换对应关系

序号	0	1	2	3	4	5
C/摄氏	0	20	40	60	80	100
F/华氏	32	68	104	140	176	212

1.3.2 前面板设计

1. 创建输入温度控制量

在控件选板选择数值输入控件，如图1-8所示。用鼠标左键激活标签改为"温度值输入"，这时流程图中出现一个与之相对应的端口图标。

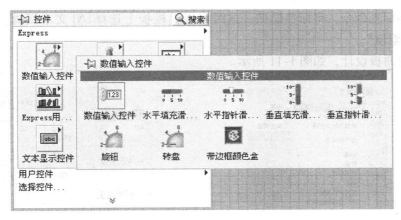

图1-8　放置数字控件

2. 创建温度显示控件

在控制模板选择新式→数值→温度计,如图1-9所示。用鼠标左键激活标签改为"温度转换显示",这时流程图中出现一个与之相对应的端口图标。在温度显示件上单击鼠标右键,弹出的快捷菜单上选择"显示项"→"数字显示"命令,如图1-10所示,这时在温度显示件右上角出现数字量显示。

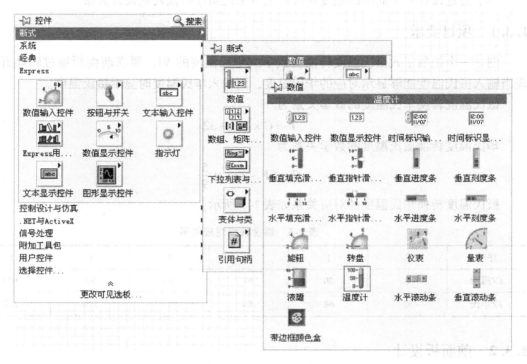

图1-9 放置温度显示件

3. 创建温度转换开关

在控制模板选择 垂直滑动杆开关。在开关上单击鼠标右键,在弹出的快捷菜单上选择显示项→标签命令,将标签隐藏。这时在工具模板上选择 A 文本编辑,输入"摄氏温度""华氏温度"。

完成前面板设计,如图1-11所示。

图1-10 增加数字显示

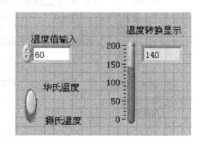

图1-11 温度转换前面板

1.3.3 流程图设计

在前面板窗口的主菜单中选择窗口→显示程序框图或按〈Ctrl〉+〈E〉组合键，切换到流程图窗口。

1）在函数选板中选择编程→结构→条件结构，如图 1-12 所示。

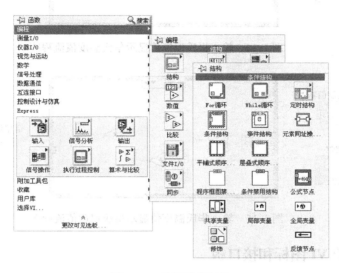

图 1-12 放置选择结构

2）在函数选板→编程→数值子模板下，在图 1-13 所示数值子模块中选择 ▷ 加法、▷ 乘法、123 常数，放入条件结构的选择框架中。

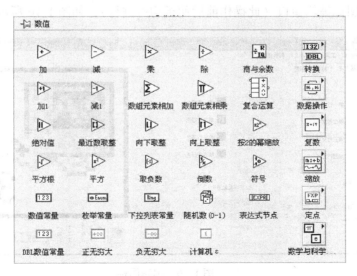

图 1-13 数值子模板

3）在工具模板中选择 连线工具，按照图 1-14 完成连线。

4）将鼠标指向 ◁ 真 ▷ 增量按钮，切换到"假"界面，按照图 1-15 完成连线。

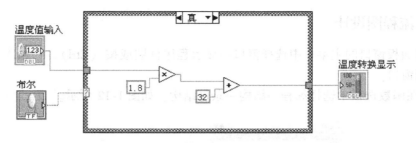

图 1-14　输入摄氏温度值显示华氏温度值流程图

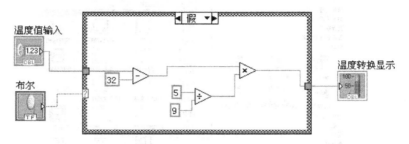

图 1-15　输入华氏温度值显示摄氏温度值流程图

1.3.4　编辑子 VI 图标和接口板

1. 编辑子 VI 图标

新创建的 VI 前面板右上角显示的是默认图标，为了便于识别，应该对这个图标进行编辑。用鼠标双击默认图标或在默认图标上用鼠标右键单击，在弹出的快捷菜单中选择编辑图标命令，打开图标编辑窗口（此操作前后面板均可进行），如图 1-16 所示。

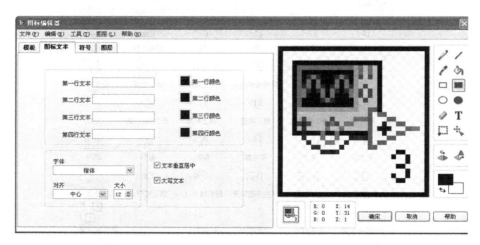

图 1-16　编辑图标

右边是编辑工具盘，与工具盘相邻的是图标编辑区，左边是由 LabVIEW 提供的一些图标图形。图标编辑区是默认图标。可以使用工具编辑图标，也可以使用 LabVIEW 提供的一些图标图形，[c] 是编辑好的图标。

2. 端口板设计

端口板用于调用子 VI 时交换数据，相当于图形化的参数表。

在子 VI 图标上单击鼠标右键弹出快捷菜单，选择显示接线板命令，显示端口板。端口与控件需要逐一建立对应关系，用连线工具在一个端口上单击一下，端口变暗，再在一个控件上单击一下，控件四周出现高亮线，表示两者建立起对应关系。以后连接到这个端口的数据就等于它对应的控件赋值或显示它对应的数据，如图 1-17 所示。

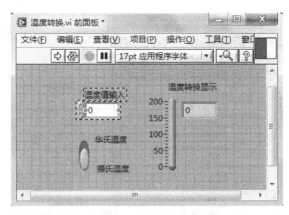

图 1-17　编辑端口板

1.3.5　保存、运行程序

1）选择主菜单文件→保存命令，以文件名"温度转换器"保存这个 VI。

2）单击 图标，运行程序。单击 图标，停止程序运行。

1.4　实训　ELVIS 万用表的使用

1.4.1　实验目的

1）掌握 ELVIS 仪器的基本使用。

2）掌握 ELVIS 仪器上万用表的使用。

1.4.2　实验原理与说明

ELVIS 万用表可测量直流电压、交流电压、直流电流、交流电流、电阻、电容、电感和二极管。在连接表笔线的时候要注意，有两组插头可供选择，一组插头仅能够测量电压值，另一组插头除了电压值外其他均可测量。两组均是标有 HI 字样的接红表笔，标有 LO 字样的接黑表笔。

1.4.3　实验仪器设备

1）计算机。

2）ELVIS 仪器。

3）多种电阻、电容、电感实验板。

4）多种二极管实验板。

1.4.4 实验内容与步骤

1）开启计算机，打开 ELVIS 程序。步骤是：开始→程序→National Instrument→NI EL-VIS 3.0→NI ELVIS。打开后的界面如图 1-18 所示。

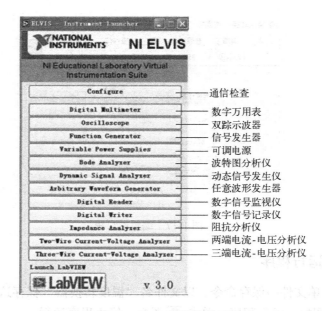

图 1-18　ELVIS 仪器界面

2）单击"Configure"按钮，进入仪器与计算机的通信检查界面，如图 1-19 所示。打开 ELVIS 仪器电源，单击"Check"按钮，检查通信是否正常，如不正常，需检查相关设备连接，检查通过后单击"OK"按钮。

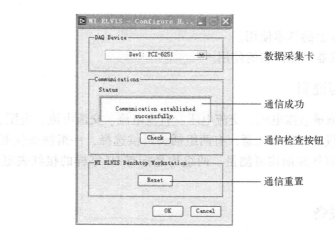

图 1-19　仪器与计算机的通信检查界面

3）单击图 1-18 中的"Digital Multimeter"按钮，进入万用表显示界面，如图 1-20 所示。

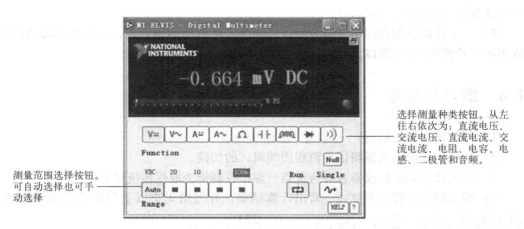

测量范围选择按钮。可自动选择也可手动选择

选择测量种类按钮。从左往右依次为：直流电压、交流电压、直流电流、交流电流、电阻、电容、电感、二极管和音频。

图 1-20　万用表显示界面

4）分别测量实验板中各种电阻、电容、电感和二极管的值，填入表 1-6 中，要求每种至少测量 3 个。

表 1-6　测量数据

项　目	电　阻	电　容	电　感	二　极　管
1				
2				
3				

1.4.5　注意事项

1）万用表的表笔不要接错，红表笔接 HI，黑表笔接 LO，测量电压单独接一组插头。

2）使用万用表测量时，人体不要接触表笔的金属部分，以确保人体安全和测量结果的准确性。

3）测量前在计算机上选择好测量项目。

4）ELVIS 仪器在不使用时及时关掉电源，同时测量时请勿触碰仪器的其他部分按钮，以免误操作损坏仪器。

1.5　本章小结

1）虚拟仪器是基于计算机的仪器。计算机和仪器的密切结合是目前仪器发展的一个重要方向。

2）LabVIEW 是一种图形化的编程语言，又称为"G"语言。使用这种语言编程时，基本上不写程序代码，取而代之的是流程图。

3）使用 LabVIEW 软件开发的程序称为虚拟仪器程序，简称为 VI（Virtual Instruments），主要进行前面板设计和流程图编辑。

4）LabVIEW 有 3 个操作模板：工具选板（Tools Palette）、控制选板（Controls Palette）和功能选板（Functions Palette）。

5）一个虚拟仪器程序由 3 部分组成：一个人机对话的前面板，一个作为源代码的数据流程图以及图标/连接端口。

1.6　练习与思考

1）如何弹出工具模板？

2）如何进行前面板编辑区与流程图编辑区的切换。

3）传统仪器和虚拟仪器各有何优点？虚拟仪器能否取代传统仪器？

4）编写程序计算以下算式，写出计算结果，并写出 4 个以上所用控件或函数的名称。

$$\frac{54+28\times2}{120-24\div6}+\frac{2011-750}{42+5\times45}X,\ 178+X\frac{253}{1+381\times7.2-25\div6}$$

第 2 章　ELVIS 仪器

☞ **要求**

掌握 NI ELVIS 系统和 NI ELVIS II 系统的组成及软、硬件两部分的构成。

📖 **知识点**

- NI ELVIS 系统和 NI ELVIS II 系统的概念
- NI ELVIS 系统和 NI ELVIS II 系统的硬件组成及使用
- NI ELVIS 系统和 NI ELVIS II 系统的软件组成及相关程序的用法

📢 **重点和难点**

- 硬件各部件的组成与使用
- LabVIEW API 程序的使用

NI ELVIS（Educational Laboratory Virtual Instrumentation Suite，ELVIS）是美国国家仪器有限公司（National Instruments，NI）于 2004 年推出的一套基于 LabVIEW 设计和原型创建的实验装置。NI ELVIS 系统实际上就是将 LabVIEW 和 NI 的 DAQ 数据采集卡相结合，综合应用得到一个基于 LabVIEW 的教学实验平台。它尺寸小、灵活性高的特点使其成为模拟、数字电路课程的热门选择，可与许多固定仪器相连接，成为课堂中有效的演示平台。

它包括硬件和软件两部分：硬件包括一台可运行 LabVIEW 的计算机、一块多功能数据采集卡、一根 68 针电缆和 NI ELVIS 教学实验操控工作台；软件则包括 LabVIEW 开发环境、NIDAQ、可以针对 ELVIS 硬件进行程序设计的一系列 LabVIEW API 和一个基于 LabVIEW 设计虚拟仪器软件包。该实验套件上插入一块原型实验面包板，非常适合教学实验和电子电路原型设计与测试，能够完成测量仪器、电子电路、信号处理、控制系统辅助分析与设计、通信、机械电子、物理等学科课程的学习和实验。NI ELVIS 集成了多个实验室常用通用仪器的功能，实现了教学仪器、数据采集和实验设计一体化。用户可以在 LabVIEW 下编写应用程序以适合各自的设计实验，它不仅适用于理工科院校实验室作为常规通用仪器使用，还可以进行电子线路设计、信号处理及控制系统分析与设计。用户只需要一台 NI ELVIS 就可完成信号分析（示波器、动态信号分析仪、信号源、波特图分析仪、阻抗分析仪、电流电压分析仪、数字万用表以及直流电源等仪器的功能），且在实验数据的记录、分析处理和显示等方面有着传统仪器无法比拟的优势。

NI 公司发布的 NI ELVIS II 硬件是 NI ELVIS 的较新版本，NI ELVIS II 包括对过去版本的向下兼容特性、USB 即插即用连接的友好特性以及较小的外形尺寸，从而可以简化安装与实验室维护。NI ELVIS II 还在低成本、简单易用的平台中包含了工程和科学实验室中较为常用的 12 种仪器，包括示波器、函数发生器、可变电源、隔离式数字万用表、任意波形发生器、波特图分析仪、二线电流电压分析仪、三线电流电压分析仪、动态信号分析仪（DSA）、阻抗分析仪、数字读取器以及数字写入器。由于 NI ELVIS II 基于 LabVIEW 软件，读者还能方便地自定义 12 种仪器，或使用提供的源代码创建自己的仪器。

2.1 硬件组成

2.1.1 NI ELVIS 系统硬件组成

NI ELVIS 系统硬件包括一台可运行 LabVIEW 的计算机、一块多功能数据采集卡、一根 68 针电缆和 NI ELVIS 教学实验操控工作台，系统组成如图 2-1 所示。ELVIS 仪器通过 68 针的数据连接线与插在计算机主板上的数据采集卡连接，将在 ELVIS 仪器上所测量到的数据传输到计算机中，再由计算机的显示器显示出来，这是 ELVIS 仪器工作的基本原理。

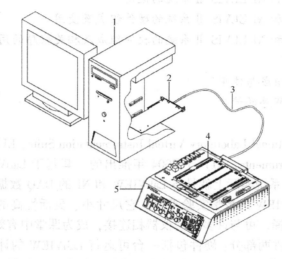

图 2-1 系统组成
1—计算机（必须安装 LabVIEW7.0 以上版本的程序） 2—数据采集卡（DAQ Device）
3—68 针数据传输线 4—仪器实验板 5—仪器工作台

NI ELVIS 教学实验操控工作台的基本构成如图 2-2 所示。

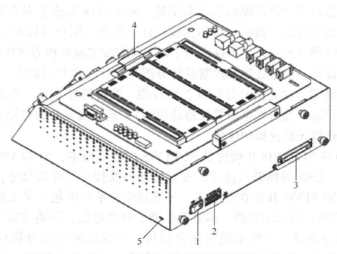

图 2-2 操控工作台的基本构成
1—仪器电源开关 2—仪器电源插头 3—68 针数据线插头 4—实验板安装支架 5—安全槽

如图中所示，NI ELVIS 教学实验操控工作台分为两个工作区：一个为仪器实验板，另一个为仪器工作台。在实验板上可以根据需要自行搭接电路进行测量；而仪器工作台则包含了一些固定的常用的仪器，分别有恒压电源（可用仪器旋钮或编写计算机程序两种方式控制输出电压），信号发生器（可用仪器旋钮或编写计算机程序两种方式控制信号波形、频率和幅值），数字万用表以及双通道示波器。工作台的操作面板如图 2-3 所示。

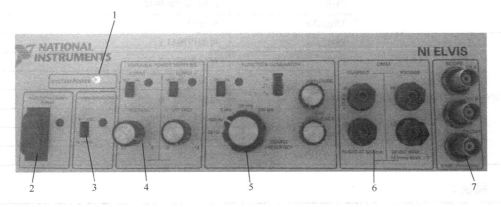

图 2-3　工作台的操作面板

1—系统电源指示灯　2—实验板的电源开关　3—通信开关　4—可调恒压源控制工作区
5—信号发生器控制工作区　6—数字万用表连接线　7—示波器连接线

实验板的中间就是普通的 3 块面包板，导通方式与普通面包板相同，四周有 4 个长条板，可以实现各种不同的功能，具体功能如表 2-1 所示。

表 2-1　ELVIS 仪器实验功能板各引脚功能一览表

模块 1

仪器名称	标　号	端口说明
	ACH0 +	模拟输入通道 0 正端
	ACH0 −	模拟输入通道 0 负端
	ACH1 +	模拟输入通道 1 正端
	ACH1 −	模拟输入通道 1 负端
	ACH2 +	模拟输入通道 2 正端
	ACH2 −	模拟输入通道 2 负端
模拟输入通道 （Analog Input Signals）	ACH3 +	模拟输入通道 3 正端
	ACH3 −	模拟输入通道 3 负端
	ACH4 +	模拟输入通道 4 正端
	ACH4 −	模拟输入通道 4 负端
	ACH5 +	模拟输入通道 5 正端
	ACH5 −	模拟输入通道 5 负端
	AISENSE	模拟输入参考端
	AIGND	模拟输入地

仪器名称	标　号	端口说明
双踪示波器 （Oscilloscope）	CHA +	双踪示波器 CHA 通道检测探头口
	CHA –	CHA 通道负极端
	CHB +	双踪示波器 CHB 通道检测探头口
	CHB –	CHB 通道负极端
	TRIGGER	触发端
可编程端口（Programmable）	PFI1	可编程端口 1
	PFI2	可编程端口 2
	PFI5	可编程端口 5
	PFI6	可编程端口 6
	PFI7	可编程端口 7
	SCA NCLK	扫描时钟
	RESERVED	预留端口

模块 2

数字电压表 （DMM）	3 – WIRE	晶体管测试电压输入端口
	CURRENT　HI	电流输入正极端
	CURRENT　LO	电流输入负极端
	VOL TAGE　HI	电压输入正极端
	VOL TAGE　LO	电压输入负极端
模拟输出通道 （Analog Outputs）	DAC0	模拟输出 0 通道
	DAC1	模拟输出 1 通道
信号发生器 （Function）	FUNC – OUT	信号发生器频率信号输出端
	SYNC – OUT	同步 TTL 频率信号输出端
	AM – IN	调幅信号输入
	FM – IN	调频信号输入
用户可配置的 输入/输出口 （User Configurable I/O）	BANANA　A	连接到 BANANA　A
	BANANA　B	连接到 BANANA　B
	BANANA　C	连接到 BANANA　C
	BANANA　D	连接到 BANANA　D
	BNC　1 +	连接到 BNC　1 +
	BNC　1 –	连接到 BNC　1 –
	BNC　2 +	连接到 BNC　2 +
	BNC　2 –	连接到 BNC　2 –
可调电源 （Variable Power Supplies）	SUPPLY +	电源供电（正电源）
	GROUND	电源地
	SUPPLY –	电源负向供电（负电源）
直流稳压电源 （DC Power Supplies）	+ 15V	+ 15V 直流输出端
	– 15V	– 15V 直流输出端
	GROUND	地线
	+ 5V	+ 5V 直流输出端

模块 3

数字输入/输出端口 （DIGITAL I/O）	DO 0	数字输出端口 0
	DO 1	数字输出端口 1
	DO 2	数字输出端口 2
	DO 3	数字输出端口 3
	DO 4	数字输出端口 4
	DO 5	数字输出端口 5
	DO 6	数字输出端口 6
	DO 7	数字输出端口 7
	WR – ENABLE	设定数字输出可用
	LATCH	设定输出方式为 LATCH
	GLB – RESET	重置 ELVIS 硬件所有设定
	RD – ENABLE	设定数字输入可用
	DI 0	数字输入端口 0
	DI 1	数字输入端口 1
	DI 2	数字输入端口 2
	DI 3	数字输入端口 3
	DI 4	数字输入端口 4
	DI 5	数字输入端口 5
	DI 6	数字输入端口 6
	DI 7	数字输入端口 7
	ADDRESS 0	地址总线通信端 0
	ADDRESS 1	地址总线通信端 1
	ADDRESS 2	地址总线通信端 2
	ADDRESS 3	地址总线通信端 3

模块 4

计数器 （Counters）	CTR0 – SOURCE	计数器 0 源极
	CTR0 – GATE	计数器 0 门极
	CTR0 – OUT	计数器 0 输出端
	CRT1 – SOURCE	计数器 1 源极
	CRT1 – GATE	计数器 1 门极
	CRT1 – OUT	计数器 1 输出端
	FREO – OUT	频率输出端
用户可配置的 输入/输出口 （User Configurable I/O）	LED 0	连接到 LED 0
	LED 1	连接到 LED 1
	LED 2	连接到 LED 2

	LED 3	连接到 LED 3
	LED 4	连接到 LED 4
	LED 5	连接到 LED 5
	LED 6	连接到 LED 6
	LED 7	连接到 LED 7
	DSUB SHIELD	连接到 DSUB SHIELD
用户可配置的 输入/输出口 （User Configurable I/O）	DSUB PIN 1	连接到 DSUB PIN 1
	DSUB PIN 2	连接到 DSUB PIN 2
	DSUB PIN 3	连接到 DSUB PIN 3
	DSUB PIN 4	连接到 DSUB PIN 4
	DSUB PIN 5	连接到 DSUB PIN 5
	DSUB PIN 6	连接到 DSUB PIN 6
	DSUB PIN 7	连接到 DSUB PIN 7
	DSUB PIN 8	连接到 DSUB PIN 8
	DSUB PIN 9	连接到 DSUB PIN 9
直流稳压电源 （DC Power Supplies）	+5V	+5V 供电
	GROUND	地线

2.1.2 NI ELVIS II 系统硬件组成

　　NI ELVIS II 系统硬件包括一台可运行 LabVIEW 的计算机、一根 USB 数据线和 NI ELVIS II 教学实验操控工作台，系统组成如图 2-4 所示。ELVIS II 仪器通过 USB 的数据连接线，将在 ELVIS 仪器上测量到的数据传输到计算机中，由计算机进行处理显示。

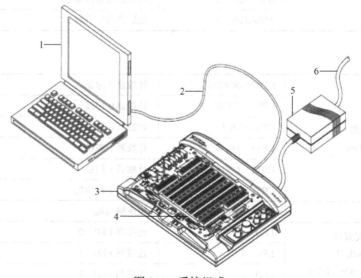

图 2-4　系统组成

1—计算机　2—USB 数据线　3—NI ELVIS II 工作台　4—NI ELVIS II 实验板　5—AC/DC 电源　6—电源插座

NI ELVIS Ⅱ工作台后面板有以下部件：工作台的电源开关，使用此开关打开或关闭 NI ELVIS Ⅱ 系列电源；交流/直流电源接口，使用此接口提供电源给工作台；USB 端口，使用这个端口把工作台与计算机相连；捆绑导线插槽，使用此接口附加导线到工作台；Kensington 安全锁接口，使用此接口，以确保该工作站到一个静止的状态，如图 2-5 所示。

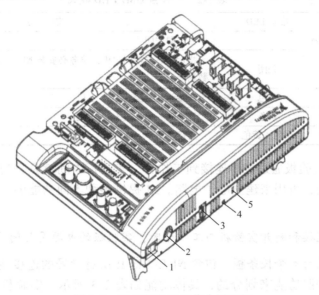

图 2-5　NI ELVIS Ⅱ工作台后面板

1—电源开关　2—交流/直流电源接口　3—USB 端口　4—捆绑导线插槽　5—Kensington 安全锁接口

NI ELVIS Ⅱ工作台提供易于操作的旋钮给可调电源和函数发生器，并提供方便的连接 BNC 接头形式和香蕉式连接器连接到函数发生器、示波器和数字万用表仪器，如图 2-6 所示。

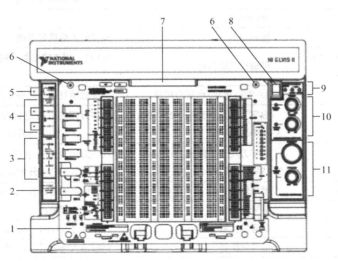

图 2-6　NI ELVIS Ⅱ工作台的构成

1—NI ELVIS Ⅱ实验板　2—数字万用表熔丝　3—数字万用表接口　4—示波器接口
5—函数发生器输出/数字触发输入接头　6—模型板安装螺钉孔（2 个）　7—实验板接口　8—模型板电源开关
9—状态 LED　10—可变电源手动控制　11—函数发生器手动控制

其中的 USB LEDs 有两个，名称分别为准备和激活，准备灯亮指示 NI ELVIS II 系列硬件正确配置，并准备与计算机连接；激活灯亮表示硬件通过 USB 连接到计算机主机上。实验板电源开关控制实验板电源，旁边加有 LED 指示。工作台 USB LED 模式如表 2-2 所示。

表 2-2　工作台 USB LED 模式

激活 LED	准备 LED	描　　述
关闭		主电源关闭
黄色	关闭	指示没有连接到主机，请务必安装 NI - DAQmx 驱动软件和连接 USB 数据线
关闭	绿色	连接到一个全速 USB 主机
关闭	黄色	连接到一个高速 USB 主机
绿色	绿色或黄色	连接主机

NI ELVIS II 实验板通过接口连接到工作台，实验板中间就是普通的面包板，导通方式与一般面包板相同，可用来建立电子电路。NI 提供多种不同功能的、可互换的原型板与工作台连接。

注意：确保连接和断开实验板与工作台时，实验板的电源是关闭的。

实验板的四周有 4 个长条板，包含 NI ELVIS II 所有信号的连接端子。每个信号都有一排，各排插口是按照功能来划分的，具体功能如表 2-3 所示。实验板中还提供了多种接插件，可供构建电路使用，如图 2-7 所示。

表 2-3　ELVIS II 仪器实验功能板各引脚功能一览表

信 号 名 称	类　　型	端 口 说 明
AI < 0..7 > ±	模拟输入	模拟输入通道 0 到 ±7 正负极通道线性到微分
AI SENSE	模拟输入	
AI GND	模拟输入	模拟输入地线参考端
PFI < 0..2 >，< 5..7 >，< 10..11 >	可编程功能界面	PFI 线，用于静态数字输入、输出电路或路由时间信号
BASE	3 - Wire 电压/电流分析仪	基级激励双极面结型晶体管
DUT +	数字万用表、阻抗、2 - Wire、3 - Wire 分析仪	数字万用表进行电容和电感测量，阻抗分析仪，2 - Wire，3 - Wire 分析仪的正端
DUT -	数字万用表、阻抗、2 - Wire、3 - Wire 分析仪	数字万用表进行电容和电感测量，阻抗分析仪，2 - Wire，3 - Wire 分析仪的负端（地）
AO < 0..1 >	模拟输出	模拟输出通道 0 和 1，用于任意波形发生器
FGEN	信号发生器	信号发生器输出
SYNC	信号发生器	TTL 输出信号同步到 FGEN
AM	信号发生器	调幅输入-模拟输入，用来调制 FGEN 的信号幅度
FM	信号发生器	调频输入-模拟输入，用来调制 FGEN 的信号频率
BANANA < A..D >	用户可配置 I/O	香蕉插口 A 到 D
BNC < 1..2 > ±	用户可配置 I/O	BNC 连接器 1 和 2，阳极线到 BNC 连接器的中心轴上，阴极线到 BNC 连接器的外壳上

信 号 名 称	类 型	端 口 说 明
SCREW TERMINAL <1..2>	用户可配置 I/O	连接螺纹端子
SUPPLY +	可调电源	正极，输出为 0~12V
GROUND	可调电源	地线
SUPPLY −	可调电源	负极，输出为 −12~0V
+15V	直流电源	提供 +15V 电源
−15V	直流电源	提供 −15V 电源
GROUND	直流电源	地线
+5V	直流电源	提供 5V 电源
DIO <0..23>	数字量输入输出	24 路通用的数字量输入、输出线，可写、可读
PFI8/CTR0_ SOURCE	静态数字 I/O	计数器 0 源
PFI9/CTR0_ GATE	静态数字 I/O	计数器 0 门
PFI12/CTR0_ OUT	静态数字 I/O	计数器 0 输出
PFI3/CTR1_ SOURCE	静态数字 I/O	计数器 1 源
PFI4/CTR1_ GATE	静态数字 I/O	计数器 1 门
PFI13/CTR1_ OUT	静态数字 I/O	计数器 1 输出
PFI14/FREQ_ OUT	静态数字 I/O	频率输出
LED <0..7>	用户可配置 I/O	8 个 LED 灯、5V、10mA
DSUB SHIELD	用户可配置 I/O	连接到 D – SUB 的保护罩
DSUB PIN <1..9>	用户可配置 I/O	连接到 D – SUB 的插脚

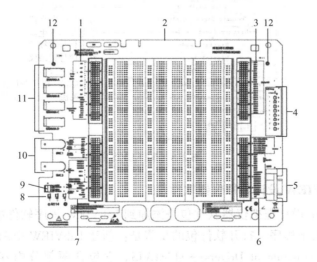

图 2-7　NI ELVIS II 实验板的构成

1—AI 和 PFI 信号列　2—工作站接口连接器　3—DIO 信号列　4—用户可配置的 LEDs

5—用户配置的 D – SUB 连接器　6—计数器/定时器、用户配置的 I/O 口、直流电源信号列

7—DMM（数字万用表）、AO（模拟量输出）、信号（函数）发生器、用户配置的 I/O 口、可变倍率电源、直流电源信号列

8—直流电源指示灯　9—用户配置的螺栓端子　10—用户可配置的同轴电缆连接器

11—用户配置的香蕉型插座连接器　12—锁定螺钉位置（2 个）

2.2 软件组成

2.2.1 NI ELVIS 系统软件组成

软件包括 LabVIEW 开发环境、NIDAQ、可以针对 ELVIS 硬件进行程序设计的一系列 LabVIEW API 和一个基于 LabVIEW 设计虚拟仪器软件包。下面着重介绍一下 LabVIEW API 程序和基于 LabVIEW 设计虚拟仪器软件包。

1. LabVIEW API 程序

打开 ELVIS 程序的步骤是：开始→程序→National Instrument→NI ELVIS 3.0→NI ELVIS。打开后的界面如图 2-8 所示，它包括 4 种固定常用仪器（可调电源、信号发生器、数字万用表以及双通道示波器）的用户控制显示界面，以及动态信号分析仪、波特图分析仪、阻抗分析仪和电流电压分析仪等仪器的功能显示界面。

图 2-8　NI ELVIS 界面

2. 基于 LabVIEW 设计虚拟仪器软件包

基于 LabVIEW 设计虚拟仪器软件包是添加到 LabVIEW 程序软件中的一组对应 NI ELVIS 仪器一系列功能的子程序，打开软件包的步骤是：新建 LabVIEW 空白程序，选择功能选板，Functions→Input→Instrument Drivers→NI ELVIS。它包含两部分内容，一部分与 LabVIEW API 程序相类似，这里是将其作为了子程序，可供其他程序调用；另一部分为低层的 NI ELVIS 子程序，其中包含 Digital I/O（数字量输入/输出相关子程序）、Function Generator（信号发生器相关子程序）、Variable Power Supplies（可调电源相关子程序）以及 Digital Multimeter（数字万用表相关子程序）4 部分内容，如图 2-9 所示。具体每一个子程序作用以及如何使用将在后面实验中介绍。

图 2-9　ELVIS 子程序

2.2.2　NI ELVIS II 系统软件组成

NI ELVIS II 系统软件包括用于 SFP 仪器的 NI ELVISmx Instrument Launcher、用于编程 NI ELVIS II 系列硬件的 Signal Express 模块。

1. SFP 仪器

SFP 仪器包括 4 种固定常用仪器（可调电源、信号发生器、数字万用表以及双通道示波器）的用户控制显示界面，以及动态信号分析仪、波特图分析仪、阻抗分析仪、电流电压分析仪等仪器的功能显示界面，如图 2-10 所示。打开 ELVIS 程序的步骤是：开始→程序→National Instruments→NI ELVISmx→NI ELVISmx Instrument Launcher。

图 2-10　NI ELVIS II 界面

2. 基于 LabVIEW 设计虚拟仪器软件包

通过虚拟仪器软件包（NI ELVISmx），用户可以以交互方式配置每个仪器的设置，开发 LabVIEW 应用程序。打开 NI ELVISmx 软件包的步骤是：新建 LabVIEW 空白程序，选择功能模板→测量 I/O→NI ELVISmx，如图 2-11 所示。

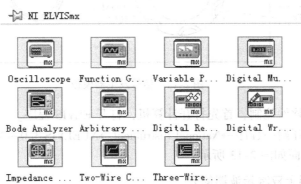

图 2-11　NI ELVISmx 软件包

2.3 实训 ELVES 仪器双踪示波器、信号发生器的使用

2.3.1 实验目的

1）学会 ELVES 仪器上双踪示波器、信号发生器的使用。

2）学会利用 ELVES 仪器上的实验板搭接电路，调试电路。

2.3.2 实验原理与说明

1. ELVES 仪器上的信号发生器简介

ELVES 仪器上的信号发生器所产生的信号的波形、频率、幅度可由计算机上的软件控制面板选择和直接利用仪器硬件面板上的按钮控制。

首先介绍一下由硬件面板控制，如图 2-12 所示。

硬件面板与软件控制切换按钮可控制面板控制指示灯的亮灭，仅在指示灯亮时，面板上的所有按钮才对发出的信号起作用。波形选择按钮可控制发出的信号是正弦波信号、方波信号还是三角波信号。幅度调节旋钮可调节信号的振幅。频率粗调旋钮由 5 档组成，与频率细调旋钮组合在一起可得到各种频率的信号，注意这里 5 档指的是频率上限。

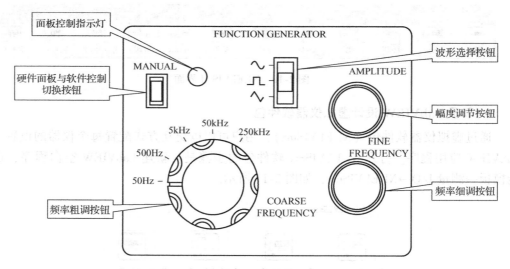

图 2-12 信号发生器模板

下面介绍一下软件控制，首先打开计算机，打开 ELVIS 程序。

步骤是：选择开始→程序→National Instrument→NI ELVIS 3.0→NI ELVIS→Function Generator，打开后的界面如图 2-13 所示。

2. ELVIS 仪器上双踪示波器简介

双踪示波器主要是在仪器面板上连接两根探头线，位置如图 2-14 所示。

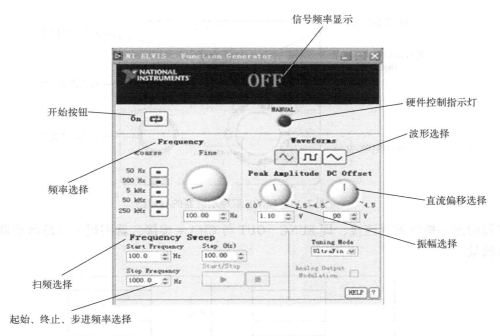

信号频率显示

硬件控制指示灯

开始按钮

波形选择

频率选择

直流偏移选择

振幅选择

扫频选择

起始、终止、步进频率选择

图 2-13　信号发生器软件的控制界面

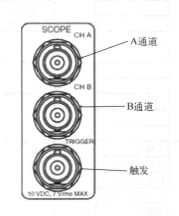

A 通道

B 通道

触发

图 2-14　ELVIS 仪器上双踪示波器探头的面板图

双踪示波器的显示是利用软件。首先打开计算机，打开 ELVIS 程序。步骤是：选择开始→程序→National Instrument→NI ELVIS 3.0→NI ELVIS→Oscilloscope，打开后的界面如图 2-15 所示。

3. ELVIS 仪器上实验板简介

实验台的中间就是普通的 3 块面包板，连接方式与普通面包板相同，四周有 4 个长条板，分别与面板上的可调电源、信号发生器、万用表和双踪示波器相连接。其中左边两块如图 2-16 所示。Oscilloscope 双踪示波器，CHA，CHB 相当于两个探头笔，信号从这里输入也能在双踪示波器中显示出来；Function Generator 信号发生器，信号可以从这里输出，FUNC‐OUT 频率信号输出。这里可以将信号发生器的频率信号输出直接与双踪示

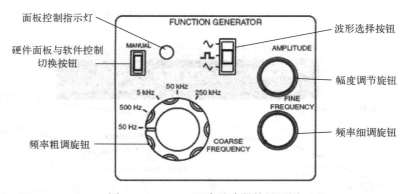

图 2-15　ELVIS 双踪示波器的界面图

波器的某一检测通道连接，即 FUNC – OUT 与 CHA + 连接，就实现了双踪示波器对信号的测量。

模拟量 输入通道	
双踪示波器	A 通道检测口
	A 通道负极端
	B 通道检测口
	B 通道负极端
	触发器
可编程端口 I/O	

数字万用表	
模拟输 出通道	
信号发生器	频率信号输出端
	同步 TTL 输出端
	调幅信号输入
	调频信号输入
用户可配置 的输入 / 输 出口	
可调电源	
直流稳压源	

图 2-16　仪器输出端口

2.3.3　实验设备与器材

1）ELVIS 仪器。

2）电阻：1kΩ。

3）电容：0.01μF。

4）电位器：4.7kΩ。

2.3.4 实验内容与方法

1. 用双踪示波器测量信号电压

1）测试前，先用面包板插接线将双踪示波器与信号发生器连接起来，连接的方法如前所述，仅用单通道测量就行，检查后将实验板的电源打开。

2）随意改动信号发生器的波形、频率和幅度，观察双踪示波器中图像的改变。

熟悉仪器面板旋钮调节和用软件调节，总结调节方法。

2. 用双踪示波器测量同一频率的两信号电压的相位差

1）按图 2-17 所示在实验板上连接电路，分别连接信号发生器的 FUNC – OUT 和双踪示波器的 CHA + 和 CHB + 部分。检查后将实验板的电源打开。

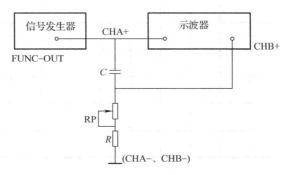

图 2-17 测试连接电路图

2）调节信号发生器，使其输出 1kHz，2.5V 正弦波信号。

3）调节双踪示波器有关旋钮，使屏幕上显示两个信号波形，如图 2-18 所示。

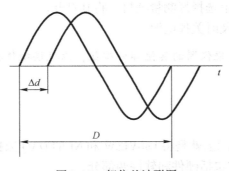

图 2-18 相位差波形图

测量出它的一个周期在扫描基线上所对应的格数 D（所对应的相位为 360°）和两个波形相应点在扫描基线上间距的格数 Δd（对应相位差 φ），以求得相位差。

$$\varphi = \frac{\Delta d}{D} \times 360° \tag{2-1}$$

4）调节电位器，观察相位的变化，将结果填入表 2-4 中。

表 2-4 结果

电位器电阻值/Ω	相 位 差

5）调节信号源使其输出为方波，观察波形的变化，记录波形。

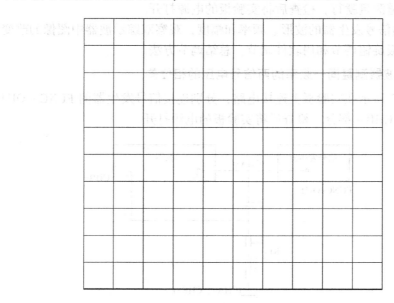

2.3.5 注意事项

1）实验板通电前请仔细检查连接电路，确保无误后，方可通电调试。
2）测量前在计算机上选择好测量项目，将其打开。
3）仪器在不使用时及时关掉电源。

注意：测量时请勿触碰仪器的其他部分按钮，以免误操作损坏仪器。

2.4 本章小结

1）NI ELVIS 系统实际上就是将 LabVIEW 和 NI 的 DAQ 数据采集卡相结合，综合应用得到一个教学实验平台，它包括硬件和软件两部分。

2）硬件包括一台可运行 LabVIEW 的计算机、一块多功能数据采集卡、一根 68 针电缆和 NI ELVIS 教学实验操控工作台。

3）软件则包括 LabVIEW 开发环境、NIDAQ、可以针对 ELVIS 硬件进行程序设计的一系列 LabVIEW API 和一个基于 LabVIEW 设计虚拟仪器软件包。

4）NI ELVIS 集成了多个实验室常用、通用仪器的功能，实现了教学仪器、数据采集和实验设计一体化。用户可以在 LabVIEW 下编写应用程序以适合各自的设计实验，它不仅适用于理工科实验室内作为常规通用仪器使用，还可以进行电子电路设计、信号处理及控制系统分析与设计。

5）NI ELVIS II 系统是 NI ELVIS 的最新版本，包括对过去版本的向下兼容特性、USB 即插即用连接的友好特性以及较小的外形尺寸，从而可以简化安装与实验室维护。

2.5 练习与思考

1）简述 NI ELVIS 系统的基本组成。

2）简述 NI ELVIS 系统中信号发生器的两种控制方式。

第 3 章　程 序 结 构

☞ **要求**

掌握 LabVIEW 结构节点的分类、用法及实例，知道 For 循环与 While 循环的区别和应用场合，灵活使用选择结构编写实用程序。

📖 **知识点**

- For 循环结构节点的用法和实例
- While 循环结构节点的用法和实例
- 选择结构节点的用法和实例
- 顺序结构节点的用法和实例
- 公式节点的用法和实例

📢 **重点和难点**

- While 循环结构节点的用法
- 选择结构节点的用法

结构是传统文本编程语言中的循环和条件语句的图形化表示。使用程序框图中的结构可对代码组进行重复操作、有条件执行或按特定顺序执行。

跟其他节点一样，结构也包含可与其他程序框图节点进行连线的接线端。当所有输入数据存在时结构会自动执行，执行结束后将数据提供给输出连线。每个结构都含有一个特殊的可调整大小的边框用于包含根据结构规则执行的程序框图部分。结构内的程序部分称为子程序框图。结构边框上接收和输出数据的端口称为通道。通道是结构边框上的连接点。

模板中的结构可用于控制程序框图执行进程的方式如下所述。

1）For 循环：按设定的次数执行子程序框图。

2）While 循环：执行子程序框图直至条件满足。

3）选择结构：包括多个子程序框图，每个子程序框图的一段程序代码对应一个分支选项，程序运行时选择其中的一段执行。

4）顺序结构：包含一个或多个按顺序执行的子程序框图。

5）事件结构：包含一个或多个子程序框图，其中子程序框图的执行顺序取决于用户如何与 VI 进行交互操作。

6）公式节点：直接输入一个或多个复杂公式的子程序框图。

这些结构都在模板中，如图 3-1 所示。

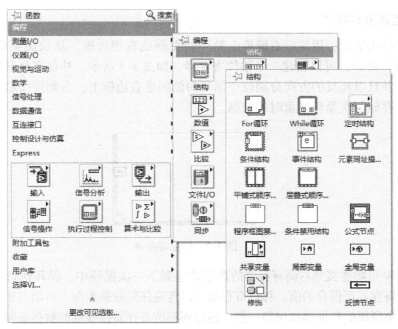

图 3-1　结构子模板

3.1　For 循环结构

3.1.1　For 循环的建立

For 循环位于结构子模板中，它包含两个端口：循环总数和循环计数，如图 3-2 所示。

图 3-2　For 循环结构图

计数端口：指定循环执行的次数，除非使用自动索引功能，否则必须在 For 循环框外为计数端口连接一个整型数，指定循环执行的次数。

重复端口：用以记录已执行循环的次数，可用于 For 循环内部的重复计数，子程序框图每执行一次，i 的值自动加 1，直到 N − 1 为止，程序跳出循环（注意：i 是从 0 开始计数）。

3.1.2　移位寄存器

在循环中如果后一次运算要用到前一次循环结果，就需要使用移位寄存器。

1. 创建移位寄存器

在循环体边框上，用鼠标右键单击循环的左侧或右侧边框，从快捷菜单中选择"添加移位寄存器"命令，可以创建一个移位寄存器。如图 3-3 所示，移位寄存器以一对接线端的形式出现，并且以相反的方向分别位于循环两侧的垂直边框上。右侧接线端含有一个向上的箭头，用于存储每次循环结束时的数据。

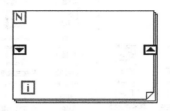

图 3-3　移位寄存器

LabVIEW 可将连接到右侧寄存器的数据传递到下一次循环中。循环执行后，右侧接线端将返回移位寄存器所保存的值。移位寄存器可以传递任何数据类型，自动与连接到移位寄存器的第一个对象所属的数据类型保持一致。连接到移位寄存器接线端的数据必须属于同一数据类型。在循环中可以添加多对移位寄存器。如果在循环中多次使用之前循环的数据，可以通过多个移位寄存器保存不同操作的数据值，这对求几个数据的平均值很有用。在循环体边框上，用鼠标右键单击循环边框，从快捷菜单中选择"添加元素"命令。

2. 初始化移位寄存器

当 For 循环在执行第 0 次循环时，For 循环的数据缓冲区没有数据存储，所以在使用移位寄存器时，必须根据编程需要对左侧的移位寄存器进行初始化，如图 3-4 所示。

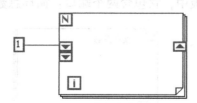

图 3-4　移位寄存器的初始化

3. 自动索引

框架通道是 For 循环与循环体外部进行数据交换的数据通道，其功能是在 For 循环开始运行前，将循环外其他节点产生的数据送至循环体内，供循环体内的节点使用。在 For 循环运行结束时，将循环体内节点产生的数据送至循环体外，供循环体外其他节点的使用。用连线工具将数据连线从循环体框架内直接拖至循环外，LabVIEW 会自动生成一个框架通道。框架通道有两种属性：有索引通道图标是白色空心框，无索引通道图标变成实心框。

用鼠标右键单击循环体边框上的通道，并从快捷菜单中选择启用索引或禁用索引可以启用或禁用自动索引。

3.1.3　For 循环应用

【例3-1】　计算一组随机数的最大值和最小值。

1) 新建一个 VI，在前面板上放置一个波形图表，它位于图形显示控件子模板中，用它来记录产生的随机数。同时在前面板上放置两个数值显示控件"最大值"和"最小值"，用来显示随机数中的最大值和最小值。

2) 在流程图编辑窗口中，放置一个 For 循环，设置循环次数为 50 次。单击边框选择添加两个移位寄存器，分别初始化为 0 和 1。

3) 放置随机数函数和最大值与最小值函数到程序框图中，其中最大值与最小值函数位于比较子模板中选取最大值与最小值函数，然后连线。

4) 运行程序。

程序前面板图和流程图分别如图 3-5 和图 3-6 所示。

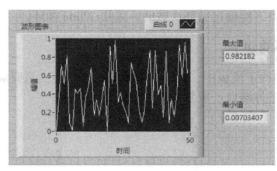

图 3-5　例 3-1 程序前面板图

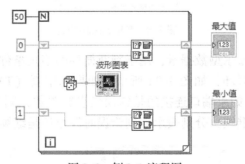

图 3-6　例 3-1 流程图

【例3-2】　计算 $\sum\limits_{x=1}^{n} x!$ 。

1) 在前面板上放置一个数值输入控件"阶次 n"和一个数值显示控件"求和结果"。

2) 在程序框图上放置两个 For 循环嵌套结构，外层循环的计数端口与"阶次 n"连接，输出是各个数的阶乘所组成的一个数组。它的重复端子加 1 作为内层循环的循环次数，内层循环利用一个移位寄存器实现阶乘运算，移位寄存器的初始值设为 1。

3) 同样在程序框图的右边再放置一个 For 循环结构，它的计数端子没有连接任何数据，使用的是自动索引功能。这个循环的作用是对由阶乘所组成的一个数组进行索引，对索引出的各个元素进行求和计算，最后将计算结果输出给"求和结果"。

4）完成连线，设置"阶乘 n"为 5，程序前面板图和流程图如图 3-7 所示，运行程序。

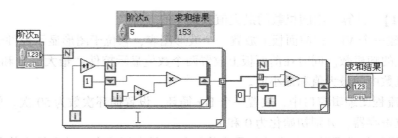

图 3-7　例 3-2 程序前面板图和流程图

3.2　While 循环结构

在一个程序中，当不能确定循环次数时，采用 While 循环。

3.2.1　While 循环的建立

While 循环位于结构子模板中，它同 For 循环的区别是：只要满足条件就一直循环下去。它也包含两个端口：条件端口、重复端口，如图 3-8 所示。

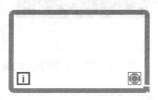

图 3-8　While 循环的建立

条件端口输入的是布尔型数据量，用于判断循环的停止条件，默认设置为真（T）时停止，当条件为真时退出循环，如图 3-9a 所示。如果选中真（T）继续，当条件为假时退出循环，如图 3-9b 所示。如果端口连接的是错误信息簇参数，则条件端口的控制方式变为出现错误停止和出现错误继续，分别表示遇到错误时停止还是继续执行，如图 3-9c、d 所示。

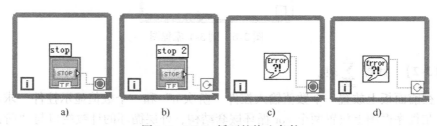

图 3-9　While 循环的终止条件

3.2.2　While 循环应用

While 循环控制程序反复执行一段代码，直到某个条件发生。所以，在 LabVIEW 程序设计中经常使用 While 循环。

【例3-3】 实现对随机数进行平滑滤波。通过对4个连续的随机数求其平均值来实现。

1）新建一个VI，在前面板上放置两个名称为波形图表的波形显示控件，一个标签为"原始波形"，另一个标签为"滤波后波形"。

2）在程序框图上放置一个While循环，在边框添加一个移位寄存器，然后在左边的寄存器上单击鼠标右键，选择"添加元素"，一共添加3个。

3）添加随机数产生函数，并添加复合运算函数，将连续产生的4个随机数相加，相加的结果除以4。

4）放置循环定时函数，定义循环时间为100ms。

5）完成连线，运行程序。

程序流程图如图3-10所示，滤波前后的波形图如图3-11所示。

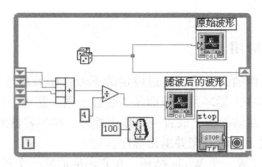

图3-10　循环结构流程图

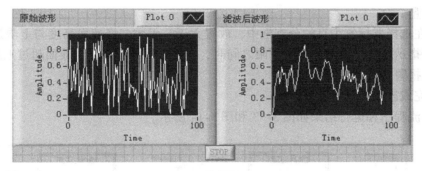

图3-11　滤波前后的波形图

3.3　条件结构

条件结构包含多个子框图，每个子框图的一段程序代码对应一个分支选项，程序运行时选择一段运行。

3.3.1　条件结构的建立

条件结构位于结构子模板中，选择条件结构函数后放置到流程图编辑窗口中，如图3-12所示，它的子框图像一摞卡片一样重叠在一起，任何时候只显示其中一个。向这些子框图填写代码也要一层层打开进行。选择结构左侧边框上"?"的图标是选择端口。这个值可以是整数型、布尔型、字符型和枚举。

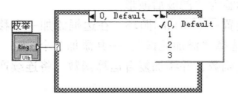

图 3-12 选择结构

选择结构边框的顶部是子框图标示框,中间是子框图标示,两边是降序和升序按钮。在选择结构边框上单击鼠标右键,在弹出的快捷菜单中选择在后面添加分支或在前面添加分支逐个增加子框图。

3.3.2 条件结构的应用

【例 3-4】 判断液面的高度是否超过设定的下限,如果超过下限界面则执行后续操作,如果低于下限则退出程序。循环判断液面是否超过上限,超过上限自动报警。

1)新建一个 VI,在前面板上放置一个数字控件,模拟容器液面高度,放置一个液面报警指示灯,当液面超过下限时点亮并退出程序。

2)在程序框图上放置一个 While 循环,在它内部放置一个条件结构。

3)在比较运算子模板中选择名称为大于?函数,如果数字大于下限返回真常量,否则返回假常量。

4)在选择器标签为真的分支框中,放置大于?函数,将液面高度与上限进行比较,输出给液面指示报警灯。液面在上下限之间时,报警指示灯不亮,当液面超过上限时,指示报警灯点亮报警。

5)完成连线,运行程序。

程序流程图和运行结果如图 3-13 和图 3-14 所示。

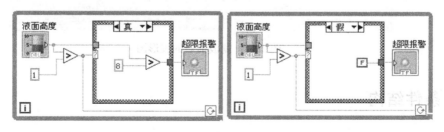

图 3-13 液面超限报警程序流程图

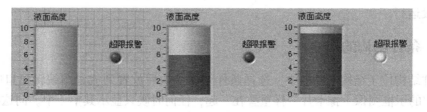

图 3-14 超限报警运行结果

3.4 顺序结构

顺序结构包含一个或多个按顺序执行的子程序框图或帧。跟程序框图其他部分一样，在顺序结构的每一帧中，数据依赖性决定了节点的执行顺序。在 LabVIEW 中并不经常使用顺序结构。

顺序结构现包括两种类型：平铺式顺序结构和层叠式顺序结构。

平铺式顺序结构可以一次显示所有帧。当所连接的数据都传递至该帧时，将按照从左到右的顺序执行所有帧，直到执行完最后一帧，如图 3-15 所示。

层叠式顺序结构将所有的帧堆积起来，因此每次只能看到其中的一帧，并且按照 0 帧、1 帧、直到最后一帧的顺序执行，如图 3-16 所示。

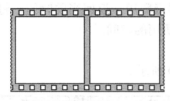 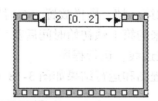

图 3-15　平铺式顺序结构　　　　图 3-16　层叠式顺序结构

3.4.1 顺序结构的建立

顺序结构位于结构子模板中，选择层叠式顺序结构后放置到流程图编辑窗口中。在顺序结构的框架上单击鼠标右键，将弹出图 3-17 所示的快捷菜单，选择在后面添加帧或在前面添加帧命令，可以在当前帧的前面或后面创建新帧。顺序结构顶部中间是各子框图标示，如果顺序结构有 n 帧，执行的顺序是从第 0 帧开始直到第 n − 1 帧。

图 3-17　顺序结构添加帧

3.4.2 顺序结构的应用

【例 3-5】　顺序结构的一个典型应用就是计算程序运行的时间，将通过这个例子来说明顺序结构的用法。

1）新建一个 VI，在前面板上放置一个数值输入控件"给定数据"和两个数值显示控件"执行次数""所需时间"。

2）在程序框图上放置一个层叠式顺序结构，用鼠标右键单击结构边框，在弹出的快捷菜单中执行两次"在后面添加帧"，创建 1 帧和 2 帧。

3）选取第 0 帧，记录程序运行初始时间，用鼠标右键单击顺序结构框图的边框，在弹出的快捷菜单中执行"添加顺序局部变量"，这时在第 0 帧的下边框出现一个黄色小方框，这就是顺序局部变量，它可以在同一个顺序结构中的各帧之间传递数据。

放置一个时间计数器到顺序结构内，它位于函数模板编程→定时→时间计数器（ms）。返回毫秒定时器的值，用于计算占用的时间。用连线工具将它与顺序局部变量相连，这时黄色小方框里会出现一个指向顺序结构外部的箭头，数值可为后续帧使用。

4）选取第 1 帧，实现等于给定值的匹配运算。

5）选取第 2 帧，同样放置一个时间计数器函数用于返回当前时间，将它减去顺序局部变量传递过来的第 1 帧初始时间后就可以得到所用的时间。

6）完成连线，运行程序。

程序流程图和运行结果如图 3-18 和图 3-19 所示。

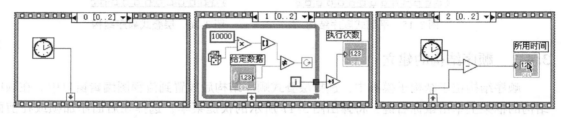

图 3-18　计算程序运行的时间流程图

图 3-19　运行结果

3.5　公式节点

公式节点是 LabVIEW 编程中非常灵活的一种结构，利用公式节点可以直接输入一个或者多个复杂的公式，而不用创建流程图的很多子程序。它的语言结构类似于 C 语言，还可以加注释，每个语句或公式以分号结束。

3.5.1　公式节点的建立

用户可以在功能选板的两个位置找到公式节点结构，一个是在结构子模板里，另外一个是在数学子模板的脚本与公式子选项板里。找到后直接把公式节点拖到流程图窗口中，可以用文本编辑工具向公式节点输入代码。创建公式节点的输入和输出端子的方法是：用鼠标右键单击公式节点的左部边框，选择添加输入建立输入端子；再在节点框中输入变量名称；用鼠标右键单击公式节点的右部边框，选择添加输出建立输出端子；再在节点框中输出变量名称。变量名对大小写敏感，然后就可以在框中输入公式，每个公式语句都必须以分号（；）结尾。公式节点的所有输入端口必须连接数据，而输出端口则不必相连。

公式节点的帮助窗口中列出了可供公式节点使用的操作符、函数和语法规定。一般说来，它与 C 语言非常相似，大体上一个用 C 写的独立的程序块都可能用到公式节点中。但是仍然建议不要在一个公式节点中写过于复杂的代码程序。

3.5.2 公式节点的应用

【例3-6】 创建一个 VI，用公式节点计算下列等式：

$$y1 = x^3 - x^2 + 5$$
$$y2 = m * x + b$$

x 的范围是从 0～10。可以对这两个公式使用同一个公式节点，并在同一个图中显示结果，前面板见图 3-20。

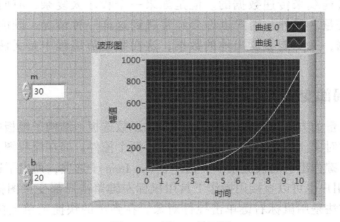

图 3-20　例 3-6 前面板

打开一个新的前面板，按照图 3-20（该图中包含运行结果）创建前面板中的对象。波形图显示对象用于显示等式的图形。该 VI 使用两个数字式控制对象来输入 m 和 b 的值。

按照图 3-21 创建流程图。

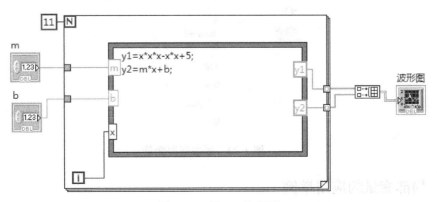

图 3-21　例 3-6 流程图

创建 FOR 循环，x 的范围是从 0～10 （包括 10），就必须连接 11 到计数端子。

FOR 内放置公式节点，在它边框上单击鼠标右键，在快捷菜单中选择添加输入，可以创建 3 个输入端子，变量名分别为 m、b 和 x，与公式中的变量名应该一致（区分大、小写和全角、半角）。在快捷菜单中选择添加输出，创建输出端子 y1 和 y2，格式要求与输入端子相同。

调用函数选板→编程→数组→创建数组，它用于将两个数据构成数组形式提供给一个多曲线的图形中，通过用变形工具拖拉边角就可以创建两个输入端子。

返回前面板，尝试给 m 和 b 赋以不同的值再执行该 VI。

3.6　局部变量

全局变量和局部变量是 LabVIEW 用来传递数据的工具。LabVIEW 编程是一种数据流编程，它是通过连线来传递数据的。但是如果一个程序太复杂，有时连线会很困难，就需要用到局部变量。另外，用户也许会经常碰到这样一种情况，既能够对程序中一个控件对象写入数据，又要能够读出他的数据，这在数据流编程中是无法实现的，这也需要用到局部变量。

3.6.1　建立局部变量

建立局部变量的方法主要有两种：一种是在函数选板→结构子模板中选择局部变量，然后为它指定控件对象。例如：在前面板上创建了两个控件。当在流程图上放置一个局部变量后，单击鼠标右键弹出它的快捷菜单，选择 Select Item 子选项，列出了这两个控件对象，如图 3-22 所示。用户也可以直接用操作工具用鼠标左键单击局部变量图标，也会出现同样的选项。另一种方法是用鼠标右键单击控件对象，在弹出的快捷菜单上执行创建→局部变量命令。

图 3-22　添加局部变量

3.6.2　局部变量的应用举例

【例 3-7】　程序的功能是检验电流量，控制电流量的上限为 5A。这里需要利用局部变量既对电流的输入控件进行读操作，又要进行写操作。程序前面板如图 3-23 所示，流程图如图 3-24 所示。

图 3-23　局部变量程序前面板

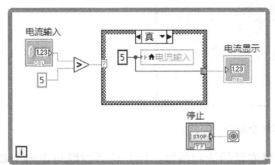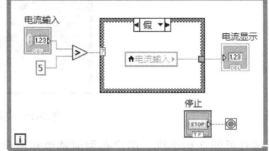

图 3-24　局部变量流程图

在程序中，如果电流大于 5A 时，则限定电流量为上限 5A，这时电流局部变量为写状态，可以向它写入数据 5A，尽管电流控件是输入控件；如果电流小于 5A 时，则将电流通过一个"电流显示器"来显示，这时需要将电流输入局部变量改变为读状态，方法是在快捷菜单上执行转换为写入命令。

3.7　全局变量

全局变量与局部变量不同，它是在不同的程序之间进行通信。LabVIEW 的全局变量是一个独立的 VI，它是一种特殊的程序，没有流程图，只有前面板，功能是保存一个或多个全局变量，所以也把全局变量程序称为"容器"。

3.7.1　建立全局变量

全局变量位于结构子模板里的局部变量的左边，它的建立和局部变量类似。将全局变量拖拽到流程图窗口，在它的快捷菜单中执行打开前面板 1 命令或用鼠标双击"全局变量"图标，打开全局变量程序前面板，然后在前面板中添加所需要的全局变量控件，如图 3-25 所示，添加了 3 个全局变量，并保存 VI。

建立了全局变量以后就可以在其他程序里面调用它，方法是在功能选板上选中选择VI…子模板，在打开的对话框窗体中为程序选择想要放置的全局变量。如果最先放置的不是想要的全局变量，可以像对局部变量那样操作修改全局变量，在快捷菜单上选取选择项子选项，在列出的所有变量对象中进行选择，或者用操作工具来选择。

使用全局变量时必须特别小心，因为它对所有的 LabVIEW 程序都是通用的，稍有不慎

图 3-25　添加全局变量控件

就有可能互相干扰，用户必须清楚地知道全局变量的读写位置。用户编程时既可以向全局变量输入数据，也可以从它读出数据，这一点与局部变量是完全相同的。

3.7.2　全局变量的应用举例

【例 3-8】　使用全局变量模拟双机通信。程序前面板运行结果如图 3-26a 和图 3-26b 所示。

设计步骤如下：

1）新建两个 VI，分别作为甲、乙两机的通信界面，在各自的前面板上添加一个字符串控制器和显示器。甲、乙两机的程序大概相同，这里以甲机来进行说明，如图 3-26c 所示。

2）打开流程图编辑窗口，添加一个 While 循环结构，放置一个全局变量，用鼠标双击打开它的前面板，如图 3-27 所示，添加 3 个全局变量："全局变量接收"字符串显示器、"全局变量发送"字符串控制件、"停止"按钮。这些全局变量作为甲、乙两机的中介。

3）在 While 循环结构内部放置一个条件结构，它的选择端口接前面板上"发送"端口，表示未单击"发送"按钮时，程序一直接收乙机发来的字符，当单击时，则甲机进行发送。

4）发送过程第一步是将字符串控制件里的输入字符写到全局变量"全局变量接收"里。

5）程序停止的控制，是通过"甲停止"和"全局变量停止"的"相或"运算来完成的，同时"全局变量停止"还做输入件，它接收"甲停止"的状态。转换是在它的快捷菜单里执行转换为写入命令来完成的。

6）乙机编程与甲机类似，如图 3-26d 所示，这里不再叙述了。

7）完成后分别保存。

运行程序，验证结果是否满足设计的需要。

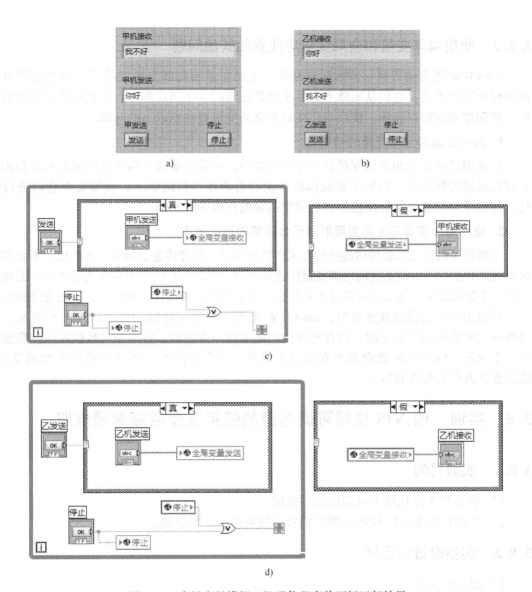

图 3-26　全局变量模拟双机通信程序前面板运行结果

a) 甲机程序前面板　b) 乙机程序前面板　c) 甲机流程图　d) 乙机流程图

图 3-27　创建全局变量

3.7.3 使用局部变量和全局变量应注意的其他问题

LabVIEW 语言编程是一种数据流编程，全局变量和局部变量提供了一种违反严格数据流的程序设计方式，它们从本质上讲并不是数据流的一个组成部分。它们掩盖了数据流的进程，使程序变得难以读懂。使用局部变量和全局变量要注意以下的问题。

1. 局部变量和全局变量的初始化

在使用局部变量和全局变量的程序运行之前，局部变量和全局变量的值是与它们相关的前面板对象的默认值。如果不能确信这些值符合程序执行的要求，就需要对它们进行初始化，即赋予他们能够保证使程序得到预期结果的正确的初始值。

2. 使用局部变量和全局变量时对于计算机内存的考虑

主调程序通过连线板端口连线的方式向被调用的子程序传递数据时，连接板并不会在缓存区中建立数据副本。但是使用局部变量传递数据时，就需要在内存中从与它相关的前面板控件复制一个数据副本。如果需要传递大量数据，就会占用大量内存，使程序的执行变得缓慢。

程序由全局变量读取数据时，LabVIEW 也为全局变量存储的数据建立一个副本。这样当操作大的数组或字符串时，内存与性能问题变得非常突出。特别是对数组操作，修改数组中一个成员，LabVIEW 就会重新存储整个数组。从程序中几个不同位置读取全局变量时，就会建立几个数据缓存区。

3.8 实训 ELVIS 仪器可调电源的使用及多谐振荡器电路

3.8.1 实验目的

1）学会 ELVIS 仪器上可调电源的使用。
2）学会利用 ELVIS 仪器上的实验板搭接电路，调试电路。

3.8.2 实验设备与器材

1）ELVIS 仪器。
2）电阻：1kΩ，1.2kΩ。
3）电容：10μF。
4）集成电路：555 计时器。

3.8.3 实验原理与说明

1. 可调电源简介

ELVIS 仪器可提供 0～12V 可随意调节输出电压的恒压源，同时拥有正、负双电源，输出的电压值可由软、硬件两部分进行控制，与前面的信号发生器类似，分别介绍如下。

（1）硬件控制

如图 3-28 所示，由两个旋钮分别控制正、负两个电源，上边有指示灯来显示使用硬件控制，与信号发生器相同。

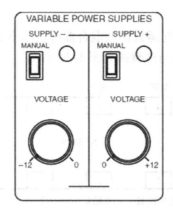

图 3-28　电源面板

（2）软件控制

启动计算机，打开 ELVIS 程序。步骤是：开始→程序→National Instrument→NI ELVIS 3.0→NI ELVIS→Variable Power Supplies。打开后的界面如图 3-29 所示。

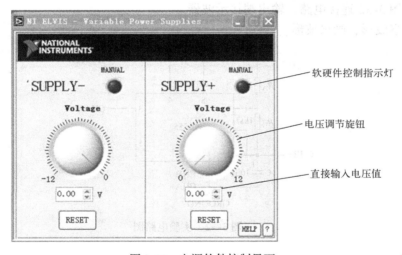

图 3-29　电源软件控制界面

2. 实验板简介

可调电源的输出在实验板上（左下角），如图 3-30 所示。其中 SUPPLY + 对应"正电源"，GROUND 对应"地"，SUPPLY – 对应"负电源"。

Variable Power Supplies	SUPPLY+
	GROUND
	SUPPLY–
DC Power Supplies	

图 3-30　电源输出端口

3. 555 计时器电路介绍

555 集成电路是 TTL 电路与运放器的混合器件，基本上可以看成一个单稳触发器。通用性强，使用广泛。其引线排列与逻辑图如图 3-31 所示。

图 3-31　555 电路引线排列

典型参数：最大驱动电流 $I < 150\text{mA}$ ；电源电压 $U = 4.5 \sim 18\text{V}$

3.8.4　实验内容及方法

1）按图 3-32 连接电路，输出端接示波器。

2）观察波形，画出波形。

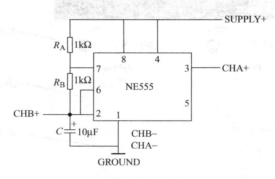

图 3-32　实验电路图

CHA +

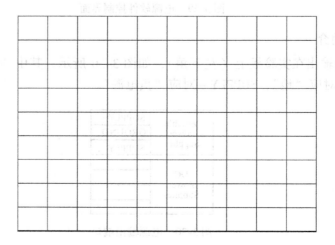

CHB +

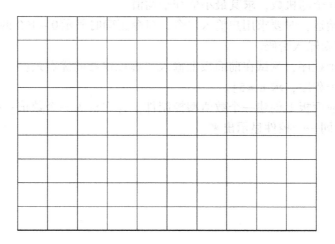

3.8.5　注意事项

1）实验板通电前请仔细检查连接电路，确保无误后，方可通电调试。

2）测量前在计算机上选择好测量项目，将其打开。

3）仪器在不使用时及时关掉电源。

注意：测量时请勿触碰仪器的其他部分按钮，以免误操作损坏仪器。

3.9　本章小结

1）一旦确定了 For 循环执行的次数并开始执行后，就必须在执行完相应次数后才能终止其运行。自动索引功能是 For 循环一个很有特色的功能。

2）While 循环的循环次数不是预先确定的，循环次数是由条件端口来控制的，编程时注意避免出现死循环。

3）LabVIEW 选择结构简洁明了、结构简单，但必须设置一个默认子框图处理超出选项范围的情况，否则程序报错。

4）顺序结构的图标看上去像电影胶片，可以包含多个子框图。顺序结构趋向于中断数据流编程，禁止程序并行操作，所以在编程时尽量少用顺序结构。

5）全局变量和局部变量是 LabVIEW 用来传递数据的工具。局部变量是在同一程序之间进行通信。

6）全局变量与局部变量不同，它是在不同的程序之间进行通信。LabVIEW 的全局变量是一个独立的 VI，它是一种特殊的程序，没有流程图，只有前面板，功能是保存一个或多个全局变量，所以也把全局变量程序称为"容器"。

3.10　练习与思考

1）For 循环和 While 循环的主要区别是什么？什么时候使用 For 循环？什么时候使用 While 循环？

2）产生 100 个随机数，求其最小值和平均值。

3）程序开始运行时要求用户输入口令，口令正确时显示 0 ~ 100 的随机数，否则显示密码错误，需要重新输入密码。

4）编写一个程序，测试在前面板上输入"虚拟仪器的优点是：……"所用的时间。

5）编写一个程序，求 n = 5！。

6）在程序前面板上创建一个数值型控件，为它输入一个数值；把这个数值乘以一个比例系数，再由同一个控件显示出来。

第4章 数据类型

☞ **要求**

掌握数值、布尔值、字符串、数组、簇和波形数据的常用函数使用，能够创建和使用数值、布尔值、字符串、数组和簇控件。知道数组与簇的区别，知道簇与波形的区别。

📖 **知识点**

- 数值数据控件的创建和函数使用
- 布尔数据控件的创建和函数使用
- 字符串数据控件的创建和函数使用
- 数组数据控件的创建和函数使用
- 簇数据控件的创建和函数使用
- 波形数据控件的创建和函数使用

🔊 **重点和难点**

- 数组的索引、数组的运算
- 簇的打包应用

作为一种通用编程语言，LabVIEW 与其他文本编程语言一样，数据操作是最基本的操作。LabVIEW 支持几乎所有常用的数据类型和数据运算，同时还拥有一些特殊的数据类型。本章主要介绍 LabVIEW 中常用的数值型、布尔型、字符串型、数组型、簇型和波形型数据控件的使用及相应数据运算函数的使用方法。

4.1 数值型

数值型是基本的数据类型，主要包括浮点型、整型和复数型 3 种类型，具体的图标和存储位数如表4-1所示。

表 4-1 数值型数据的分类

控件图标	数据类型	存储位数	控件图标	数据类型	存储位数
1.23 SGL	单精度浮点数	32	1.23 CSG	复数单精度浮点数	64
1.23 DBL	双精度浮点数	64	1.23 CDB	复数双精度浮点数	128
1.23 EXT	扩展精度浮点数	128	1.23 CXT	复数扩展精度浮点数	256

控 件 图 标	数 据 类 型	存 储 位 数	控 件 图 标	数 据 类 型	存 储 位 数
	8 位有符号整数	8		8 位无符号整数	8
	16 位有符号整数	16		16 位无符号整数	16
	32 位有符号整数	32		32 位无符号整数	32
	64 位有符号整数	64		64 位无符号整数	64

4.1.1 数值控件的建立

数值控件有 4 个控件库，分别位于控件→新式→数值模板、控件→系统→数值模板、控件→经典→数值模板和控件→Express→数值模板中，如图 4-1 所示。

数值控件库中的各种控件都具有输入和显示两种属性，这两种属性可以相互切换，切换的方法是在控件上单击鼠标右键，打开下拉菜单，单击选择"转换为显示（输入）控件"命令进行切换。

数值控件的数据类型在编程时根据需要在上述介绍的浮点型、整型和复数型之间切换，切换的方法如图 4-2 所示。在前面板用鼠标右键单击控件或在程序框图中用鼠标右键单击控件图标，在鼠标右键的快捷菜单中选择表示法，从中选择合适的数据类型。

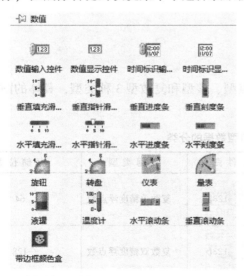

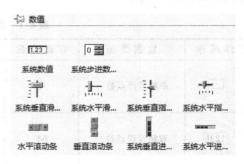

a)   b)

图 4-1　数值控件

a）新式下的数值控件库　b）系统下的数值控件库

54

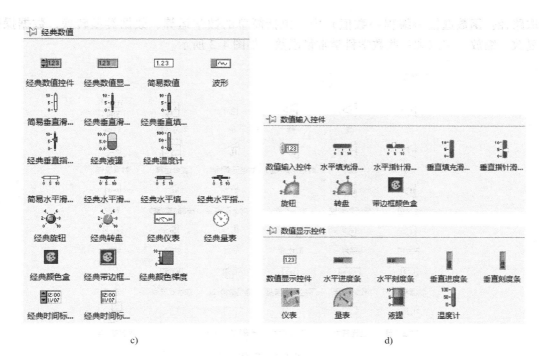

c)

d)

图 4-1　数值控件（续）

c）经典下的数值控件库　d）Express 下的数值输入控件库和数值显示控件库

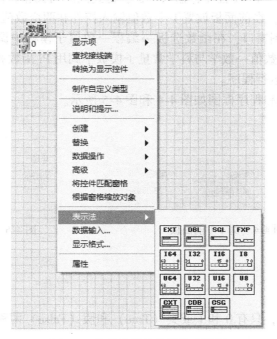

图 4-2　数值控件的数据类型设置

4.1.2　常用数值运算函数

LabVIEW 软件提供了丰富的数据运算功能，基本的数据运算函数集中在数值子集（调取路径：函数选板→编程→数值）中，包括简单的数学运算、数据类型转换、数据操作、复数、缩放、定点和一些数学科学常量函数，如图 4-3 所示。

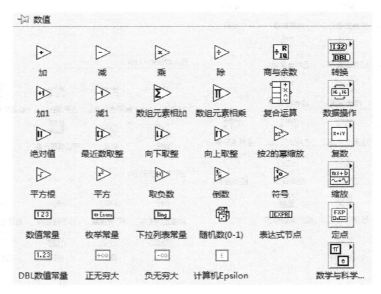

图 4-3　数值子集

【例 4-1】　建立一个 VI 程序，输入半径，得到圆的周长和面积。

1）新建一个 VI，在前面板放置 1 个数值输入控件和两个数值显示控件并编辑标签。

2）打开程序框图窗口，在函数选板→编程→数值子模板中调用乘法函数、平方函数，在函数选板→编程→数值→数学与科学常量子模板中调用 Pi 函数和 Pi 乘以 2 函数。

3）完成连线，运行程序。

前面板运行结果和程序框图如图 4-4 和图 4-5 所示。

图 4-4　例 4-1 前面板

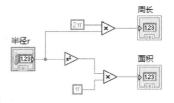

图 4-5　例 4-1 程序框图

4.2　布尔型

布尔型比较简单，只有 0 和 1 或真（True）和假（False）两种状态，也称为逻辑型。

4.2.1　布尔控件的建立

布尔控件与数值控件相同，也有 4 个控件库，分别位于控件选板→新式→布尔子集、控件选板→系统→布尔子集、控件选板→经典→经典布尔子集和控件选板→Express→按钮与开关/指示灯子集中，如图 4-6 所示。

56

图 4-6　布尔控件

a）新式下的布尔控件库　b）系统下的布尔控件库　c）经典下的经典布尔控件库

d）Express 下的按钮与开关和指示灯

布尔输入控件有一个重要的属性叫作机械动作，使用该属性可以模拟真实开关的动作特性，如图4-7所示，用鼠标右键单击布尔输入控件，在下拉菜单中选择机械动作命令可以设置机械动作。机械动作的详细说明如表4-2所示。

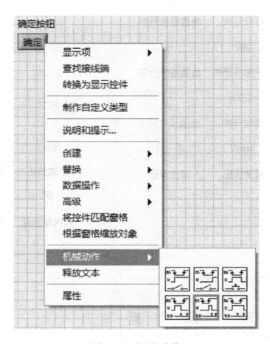

图4-7 机械动作

表4-2 机械动作的详细说明

机械动作图标	动作名称	动作说明
⬜	单击时转换	按下鼠标时改变值，并且新值一直保持到下一次按下鼠标为止
⬜	释放时转换	按下鼠标时值不变，释放鼠标时改变值，并且新值一直保持到下次释放鼠标为止
⬜	保持转换直到释放	按下鼠标时改变值，保持新值一直到释放鼠标为止
⬜	单击时触发	按下鼠标时改变值，保持新值一直到被 VI 读取一次为止
⬜	释放时触发	释放鼠标时改变值，保持新值一直到被 VI 读取一次为止
⬜	保持触发直到释放	按下鼠标时改变值，保持新值一直到释放鼠标并被 VI 读取一次为止

4.2.2　常用布尔运算函数

布尔运算也称为逻辑运算，LabVIEW 软件提供了多种布尔运算功能，布尔运算函数的图标与数字电路中逻辑运算符的图标相似，布尔运算函数集中在布尔子集（调取路径：函数选板→编程→布尔）中，如图4-8所示。

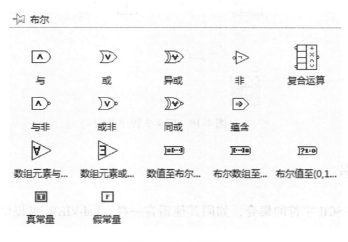

图4-8　布尔子集

【例4-2】　建立一个 VI 程序，供3人（A、B、C）表决使用，每人有一个电键，如果赞成，就按电键；如果不赞成，不按电键；表决结果用指示灯来表示，如果多数赞成，则指示灯亮。

1）新建一个 VI，在前面板放置 3 个布尔输入控件和 1 个指示灯，并编辑标签。

2）打开程序框图窗口，在函数选板→编程→布尔子模板中调用与函数、复合运算函数，通过拉伸复合函数外框增加复合函数的输入端口。

3）完成连线，运行程序。

前面板运行结果和程序框图如图4-9和图4-10所示。

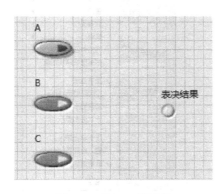

图4-9　例4-2前面板

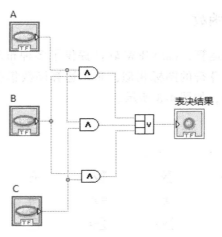

图 4-10　例 4-2 程序框图

4.3　字符串

　　字符串是 ASCII 字符的集合，如同其他语言一样，LabVIEW 也提供了各种处理字符串的函数。

4.3.1　字符串的创建

　　字符串控件位于控件选板中的新式→字符串与路径子模板，有字符串输入控件和字符串输出显示件。在字符串控件上单击鼠标右键弹出快捷菜单，有 4 种选择方式可供选择，几种显示形式如图 4-11 所示。

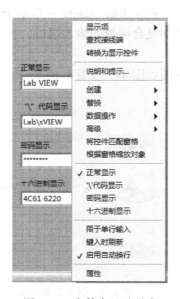

图 4-11　字符串显示形式

1）正常显示：正常显示。

2）'\'代码显示：显示不可打印字符，如表 4-3 所示。

表 4-3 '\' Codes Display 代码

代　码	功　能	代　码	功　能
\ b	前移一位	\ t	制表位
\ f	走纸换行	\ s	空格
\ n	换行	\ \	\
\ r	回车		

3）密码显示：字符以"＊"来代替。

4）十六进制显示：字符以十六进制数显示。

4.3.2　字符串函数

LabVIEW 在字符串子模板中提供大量的字符串处理函数，各种字符串常量以及字符串与数字量转换、字符串与路径转换函数，如图 4-12 所示。常用字符串函数如表 4-4 所示。

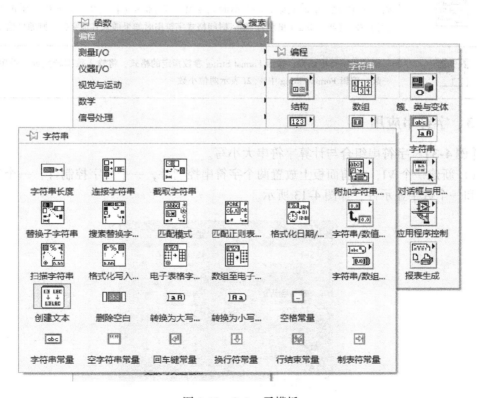

图 4-12　String 子模板

表 4-4　常用字符串函数

函　　数	功　　能
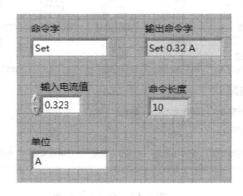	字符串长度函数，返回字符串的个数
	连接字符串函数，将多个字符串合并成一个字符串
	提取子字符串函数，根据偏移量 Offset 和长度 Length 参数从输入字符串中提取一个子字符串
[aA]　[Aa]	大小写转换字符串函数，将输入字符串全部转换为大写或小写
	替换子字符串函数，根据偏移量 Offset 和长度 Length 参数插入或删除子字符串
	查找、替换子字符串函数，查找与 Search String 相同字符串，用 Replace String 参数替换
	格式化日期时间函数，按照 Time Format String 参数指定的格式输出系统时间及日期，格式代码为:%H（24 小时），%I（12 小时），%M（分）%S（秒），%p（上午），%d（日），%m（月），%y（年），%a（星期）。输入时间格式字符串时如果插入其他字符，则原样输出
	格式化字符串函数，按照 Format String 参数指定的格式，将输入数据转换成字符串并连接在一起，编辑 Format String 中%.2f 表示两位小数

4.3.3　字符串应用

【例 4-3】　字符串组合与计算字符串大小写。

1）新建一个 VI，在前面板上放置两个字符串控件，一个数字控件，一个字符串显示件和一个数字显示件，如图 4-13 所示。

图 4-13　字符串组合前面板

2）切换回流程图编辑窗口，在字符串子模板中选择格式化写入字符串.vi 函数，将两个字符串控件和一个数字控件连接到它的输入端，在格式化写入字符串.vi 函数上单击鼠标右键，弹出快捷菜单，选择编辑格式字符串命令，对格式化写入字符串.vi 函数进行字符串格式参数设置，如图 4-14 所示。

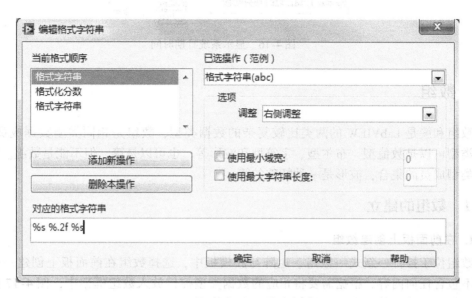

图 4-14　编辑格式化字符串

3）在流程图中放置字符串长度.vi 函数来计算字符串的长度，它返回输出命令字符串的长度。

4）按照图 4-15 完成连线，运行程序。

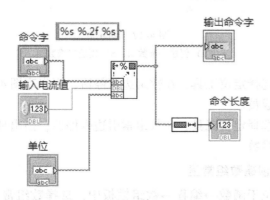

图 4-15　字符串组合流程图

【例 4-4】　格式化时间函数的应用。

1）在前面板上放置一个字符串显示控件，如图 4-16 所示。

2）在程序框图上放置一个字符串格式化函数，参数设置如图 4-16 所示。

3）完成连线，运行程序。

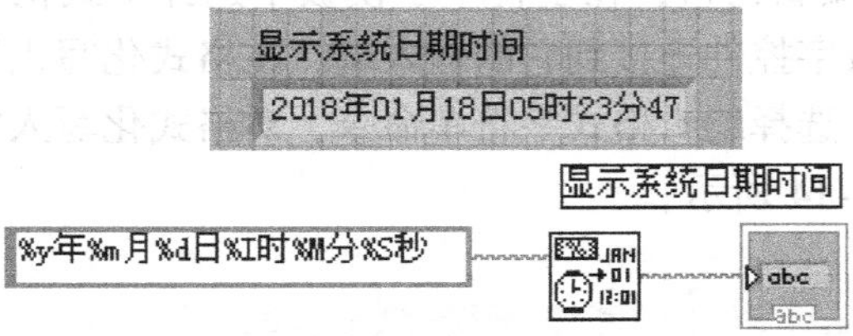

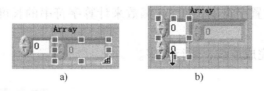

图 4-16　显示系统日期时间

4.4　数组

数组和簇是 LabVIEW 的两类比较复杂的数据类型，数组是相同类型数据成员的集合，数据类型可以是数值型、布尔型、字符型和波形等，也可以是簇，但不能是数组。簇是不同数据类型成员的集合，波形是一种特殊的簇。

4.4.1　数组的建立

1. 在前面板上创建数组

数组位于控件→新式→数组、矩阵与簇模板中，选择数组在前面板上创建一个数组框架，不包含任何内容，根据需要将相应的数据类型控件放入数组框架中，图 4-17 所示将一个数字量控件放入数组框架，就创建了一个数值型数组。

图 4-17　创建数组
a) 创建一维数组　　b) 创建二维数组

如果在工具模板选择定位工具，在数组边框停留，当出现图 4-17a 所示的网状拐角后就可以增加或减少数组成员。

如果在工具模板选择定位工具，在数组索引边框停留，当出现图 4-17b 所示的手柄后就可以增加或减少数组维数。

2. 在程序框图上创建数组常量

在功能模板上，位于函数→编程→数组模板中，选择数组常量数组框架，放入流程图中，这时数组框架内不包含任何内容，根据需要将相应的数据类型常量放入数组框架中，按图 4-18 所示将一个数字常量放入数组框架，就创建了一个数值型数组。

图 4-18　创建数组常量

3. 数组成员的索引显示

通过数组索引框可以选择要显示的数组成员，行索引的值决定哪一行显示在最上面，列索引的值决定哪一列显示在最左面。直接用操作工具在索引框输入数字，就可以将某行某列的元素调到第 0 行第 0 列的位置，如图 4-19 所示。

注意：对于二维索引数组，索引框中上一个为行索引，下一个为列索引。

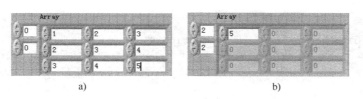

图 4-19 数组成员的索引
a）"1" 为 0 行、0 列元素 b）"5" 为 2 行、2 列元素

4. 4. 2 常用数组函数

数组函数是对数组操作的主要工具，在数组函数中共有 23 个数组函数，这里结合实例介绍它们的用法。

1. 数组大小函数

数组大小函数如果连接一维数组，则显示一维数组的成员个数，如图 4-20 所示。数组大小函数如果连接二维数组，它返回一个一维数组，第一个元素表示有多少行，第二个元素表示有多少列，如图 4-21 所示。

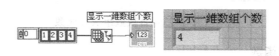

图 4-20 一维数组大小的应用

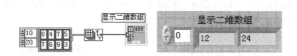

图 4-21 二维数组大小的应用

2. 索引数组函数

从数组中提取数据用索引数组函数，如果索引数组函数连接一维数组时，既可以得到一个数组成员。如果索引数组函数连接二维数组时，既可以得到一个数组成员，也可以得到一行或一列数组，如图 4-22 所示。

给索引数组函数连接二维数组时，它的索引端口自动变为两个，上面一个为行索引，下面一个为列索引。索引数组函数可以多次索引。

注意：索引值由 0 开始。

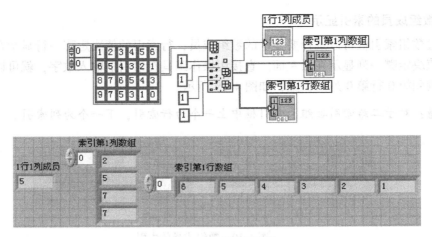

图 4-22　索引数组函数

3. 替换数组子集函数

替换数组子集函数用于数组函数的替换，既可以替换数组中一个成员，也可以替换数组中一行或一列。替换后的数组与替换前的数组大小、数据类型完全一样。替换数组子集函数可以多次替换，如图 4-23 所示。

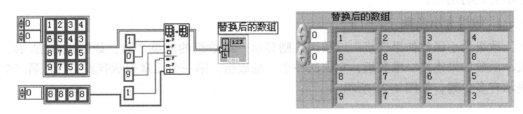

图 4-23　替换数组成员函数

4. 删除数组元素函数

删除数组元素函数用于数组函数的删除，在数组输入参数下面是删除长度参数，默认值是 1，如果长度参数连接 n，可以删除数组中的 n 行。删除数组元素函数只连接行索引或列索引其中的一个，如图 4-24 所示。

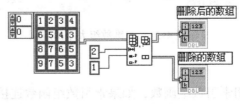

图 4-24　删除数组元素函数

5. 初始化数组函数

初始化数组函数可以初始化数组全体成员，它可以创建 n 行、n 列的数组，所有成员都相同，如图 4-25 所示。

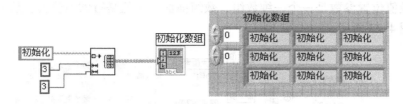

图 4-25　初始化数组函数

6. 创建数组函数

创建数组函数可以将单个数组成员创建为一维数组，将两个一维数组创建为二维数组。如果创建数组函数连接两个以上维数相同的数组，在它右键弹出的菜单中选择连接输入，两个一维数组就连接成一个长的一维数组。如果创建数组函数连接一个一维数组和一些单个成员，那么所有成员都追加到一维数组后面。以上可以推广到二维数组与一维数组的连接情况，如图 4-26 所示。

注意：数据不匹配时自动补 0。

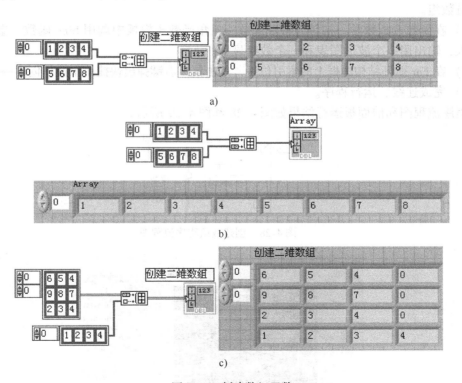

图 4-26　创建数组函数

a）创建二维数组　b）创建一维数组　c）一维数组追加到二维数组后面

67

7. 数组最大值与最小值函数

数组最大值与最小值是从一个数组中找到最大值和最小值，以及它们的位置索引值。如果有多个相同的极值就给出最前面一个的索引值。数组最大值与最小值如果连接的是一个二维数组，极值位置参数是一个一维数组，数组前面一个值是行索引位置，后一个值是列索引位置，如图4-27所示。

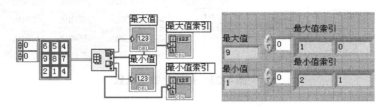

图4-27　数组极值函数

4.4.3 数组的应用

【例4-5】 创建一个自动索引数组。

1）新建一个 VI，在前面板放置一个波形图控件，它位于波形显示控件子模板中。创建一个一维显示数组，在前面板上拖动显示数组边框使它能够显示更多数组成员。

2）打开流程图窗口，创建一个 For 循环，循环次数定为 100 次，表示创建一个包含 100个成员数组。

3）在函数选板数学→初等与特殊函数→三角函数子模板中调用 Sinc 函数，重复端子作为输入，输出用一个波形图表和一个数组显示。

4）在 For 循环结构边框上的索引位置，单击鼠标右键弹出快捷菜单选择创建→常量命令。

5）完成连线，运行程序。

程序流程图和前面板运行结果如图4-28 和图4-29 所示。

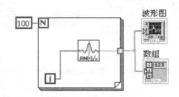

图4-28　创建数组程序流程图

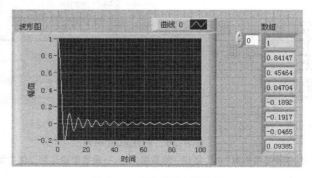

图4-29　前面板运行结果

【例4-6】 通过两个一维数组创建一个二维数组。

1）新建一个 VI，在前面板放置一个波形图控件，它位于图形显示控件子模板中；在前面板放置一个数组控件，它位于新式→数组、矩阵与簇子模板中，将其设置为数值类型的二维数组。

2）打开流程图窗口，创建一个 For 循环，循环次数定为 100 次，表示创建一个包含 100 个成员数组。

3）在函数选板数学→初等与特殊函数→三角函数子模板中调用 Sinc 函数、正弦函数；在函数选板数学→数值子模板中调用一个乘函数、一个除函数和一个常数π，产生一个周期为 100 的正弦信号。

4）在数组函数模板中选择创建数组函数，它将两个一维数组组合为二维数组，产生的这个二维数组共有 2 行、100 列。输出用一个波形图表和一个数组显示。

5）完成连线，运行程序，在前面板上拖动显示数组边框使它能够显示更多数组成员。

程序流程图和前面板运行结果如图 4-30 和图 4-31 所示。

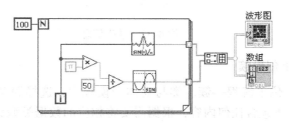

图 4-30　创建二维数组程序流程图

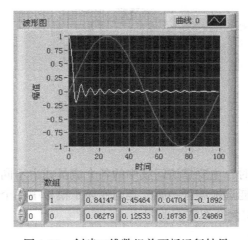

图 4-31　创建二维数组前面板运行结果

4.5　簇

簇是 LabVIEW 中一个比较特别的数据类型，它可以将几种不同的数据类型集中到一个单元中形成一个整体。

4.5.1 簇的建立

1. 在前面板上创建簇

簇位于新式→数组、矩阵与簇子模板中，选择簇在前面板上创建一个簇框架，不包含任何内容，根据需要将相应的数据类型放入簇框架中，按图4-32所示建立一个学生的学号、姓名、性别、年龄和成绩等数据项，这些数据项都与某一个学生相联系。

图4-32 学生信息

2. 在程序框图上创建簇

在功能选板上，位于编程→簇、类与变体子模板中，选择簇常量簇框架，放入流程图中，这时数组框架内不包含任何内容，根据需要将相应的数据类型放入簇框架中，如图4-33所示。

图4-33 创建簇常量

4.5.2 常用簇函数

用户在使用一个簇时，主要是访问簇中的各个成员或由不同类型但相互关联的数据组成一个簇。这些功能由功能选板编程→簇、类与变体子模板中各个节点实现。在簇函数中共有9个簇函数，这里结合实例介绍它们的用法。

1. 解除捆绑簇函数

解除捆绑簇函数用于获得簇中成员的值，它有一个输入端口和两个输出端口，连接一个输入簇以后，输出端口数量自动增加到与簇的成员一致，而且不能再改变。每个输出端口对应一个簇成员，端口上显示出这个成员的数据类型，如图4-34所示。

2. 捆绑簇函数

捆绑簇函数将相互关联的不同数据类型的数据组成一个簇，或给簇中某一个成员赋值。捆绑簇函数的输入端口必须与簇中成员的个数一致，用鼠标（定位工具状态）拖动节点一

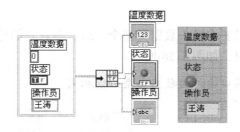

图 4-34　解包函数

角，可增减输入端口。将几个不同的数据类型组成一个簇，如图 4-35 所示。修改一个簇中某些成员的值，如图 4-36 所示。

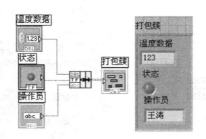

图 4-35　打包簇

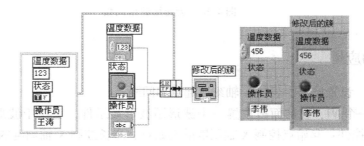

图 4-36　修改簇中成员

3. 按名称解除捆绑簇函数

按名称解除捆绑簇函数按指定的成员名称从簇中提取成员，这个函数刚放进流程图时只有一个输出端口，当它的输入端口连接一个簇，这个输出端口就显示簇中第一个成员名称，在簇函数上单击鼠标右键，弹出快捷菜单，选择 "Select Item" 命令，可以解析出簇中任意成员，如图 4-37 所示。

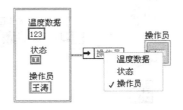

图 4-37　按名称解除捆绑

4. 创建簇数组函数

创建簇数组簇函数只要求输入数据类型全一致，不管它们是什么数据类型，一律转换成簇，然后连接成一个数组，如图4-38所示。

注意：*所有从输入端口输入的数据类型必须相同。*

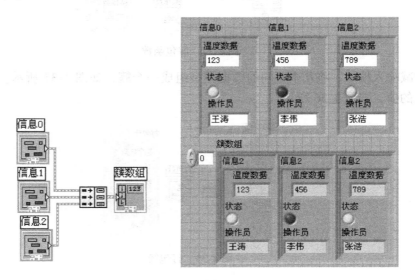

图4-38　创建簇数组函数

4.5.3　簇的应用

【例4-7】　设置波形图表的X轴刻度起点和间隔。

1）新建一个VI，在前面板放置一个波形图波形显示件，它位于波形显示控件子模板中。放置数值控件：起始点控制X轴刻度的起始点，步长控制X轴刻度的水平间隔。

2）打开流程图窗口，在功能选板中选择信号处理→信号生成→高斯白噪声.vi函数用于产生白噪声信号。

3）在功能选板中编程→簇、类与变体选择捆绑函数，分别与起始点、步长和高斯白噪声函数相连，输出与波形图相连。

4）运行程序。

流程图及前面板运行结果分别如图4-39和图4-40所示。

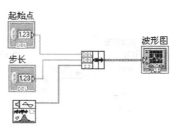

图4-39　流程图

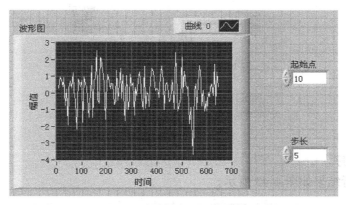

图 4-40　前面板运行结果

4.6　波形类型

波形数据类型类似于簇，它的成员数量和类型是固定的，许多与数据采集和信号分析有关的 VI 使用这种数据类型，波形数据类型用于图形显示件来显示是很方便的。波形控件包括：数据采集的起始时间 t_0、时间间隔 dt、波形数据 Y 和属性，波形数据可以是一个数组也可以是一个数值。波形控件在控制模板的 I/O 子模板中，如图 4-41 所示。

图 4-41　创建波形

【例 4-8】　创建波形数据显示器。

1）新建一个 VI，在前面板放置一个波形图控件，它位于图形显示控件子模板中。放置数值控件：时间间隔 dt。放置波形控件，在控制选板中调用控件→新式→I/O→波形控件。

2）打开流程图窗口，在功能选板中选择信号处理→信号生成→正弦波.vi 函数用于产生正弦波。

3）在功能选板中选择编程→波形→创建波形.vi 函数。在功能选板中选择编程→定时→获取日期→时间（秒）.vi 函数，与创建波形.vi 函数的 t_0 相连，数值控件与 dt 相连，正弦波.vi 函数和 Y 相连，输出与波形图表相连，按照图 4-42 连线。

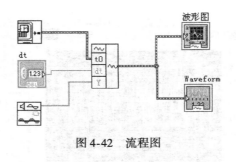

图 4-42　流程图

4）运行程序。

前面板运行结果如图 4-43 所示。

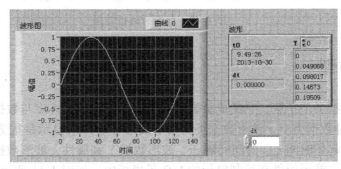

图 4-43　前面板运行结果

4.7　比较运算

LabVIEW 提供了丰富的数据运算功能，除了基本的数据运算符外，还有许多功能强大的函数节点，并且支持通过简单的文本脚本进行数据运算。与文本语言编程不同，LabVIEW 是图形化编程，不具有运算优先级和结合性的概念，运算是按照从左到右沿数据流的方向顺序执行的。这里仅介绍比较数据运算，比较运算也称为关系运算，各比较函数集中在函数选板→编程→比较子集中，如图 4-44 所示。

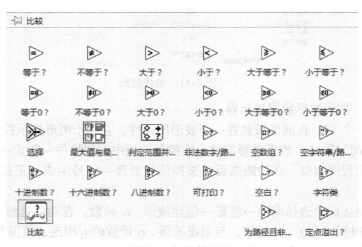

图 4-44　比较子集

使用比较函数可以进行数值比较、布尔值比较、字符串比较、数组比较和簇比较。不同的数据进行比较时，比较规则如下。

数值比较时要求相同数据类型的数据进行比较，数据类型若不同，比较函数的输入端能自动进行强制数据类型转换，再比较。布尔值比较实际上就是 0 和 1 两个值的比较，True 值大于 False 值。当两个字符串比较大小是按其 ASCⅡ码的大小来比较的，比较是否相等，从字符串的第一个字母开始逐个字母比较。数组和簇的比较与字符串相似，是从数组或簇的第 0 个元素开始比较，直到有不相同的元素为止。进行簇的比较时，簇中的元素个数、元素的数据类型和顺序必须相同。

【例 4-9】 设计一个简单的登录系统，要求输入用户名和密码，选择身份类型。

1）新建一个 VI，在前面板放置两个字符串输入控件，一个字符串显示控件，一个组合框，它们都在字符串与路径子集中；放置两个按钮。

2）编辑组合框选项，如图 4-45 所示，打开组合框属性对话框编辑项名称，打开组合框属性对话框的方法：用鼠标右键单击组合框，打开下拉菜单，选择属性→编辑项。在项中分别编辑项目名称为：管理员、操作员和值班员。

图 4-45 "组合框属性"对话框

3）选择函数选板中编程→结构→while 循环和条件结构函数；选择创建函数选板中编程→比较→等于函数；选择创建函数选板中编程→布尔→与函数；选择创建函数选板中编程→字符串→连接字符串函数、换行符常数和 3 个字符串常量函数，编辑 3 个字符串常量，如图 4-46 所示。

4）连线，运行程序。流程图及前面板运行结果分别如图 4-46 和图 4-47 所示。

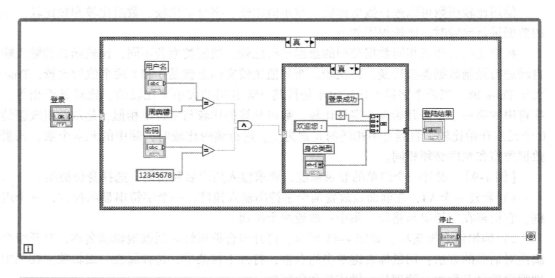

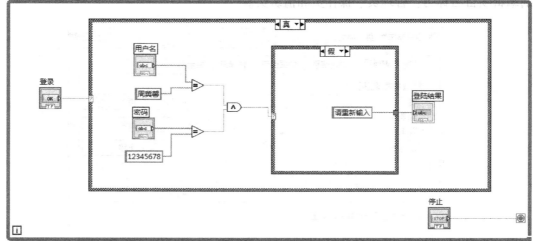

图 4-46 流程图

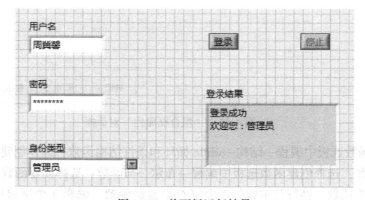

图 4-47 前面板运行结果

4.8　实训　模拟量的输入/输出

4.8.1　实验目的

1）学会6251数据采集卡的使用。

2）学会利用ELVIS仪器上的实验板与数据采集卡的连接。

4.8.2　实验设备与器材

1）ELVIS仪器。

2）计算机。

3）数据采集卡。

4.8.3　实验原理与说明

1. 数据采集卡简介

（1）功能介绍

基于虚拟仪器的测试系统的典型的硬件结构为：传感器→信号调理器→数据采集设备→计算机。传感器将被测量的温度、压力和位移等各种物理量转换为电量；信号调理器对电信号进行放大、滤波和隔离等预处理；数据采集设备主要功能是将模拟信号转换为数字信号，此外一般还有放大、采样保持和多路复用等功能。数据采集是测试系统最主要的基础环节。

数据采集卡是一种插卡式的数据采集设备，一般采用插入台式计算机PCI槽的数据采集卡，这是一种典型的虚拟仪器硬件结构，通常在计算机外面根据需要配备某种信号调理设备。这种硬件结构配置，可以满足一般测试的要求，价格能够为大多数用户所接受。

（2）数据采集卡的主要指标

1）采样率。

采样率就是进行A-D转换的速率，不同的采集卡具有不同的采样率，采样率的提高会增加测试系统的成本。

2）分辨率。

分辨率是数据采集设备的精度指标，用模数转换器的数字位数来表示。数据采集卡模数转换的位数越多，把模拟信号划分的就越细，可以检测到的信号变化量也就越小。

6251的分辨率为14位，也就是数字分段为$2^{14} = 16384$位。

3）通道数。

通道数就是采集卡可同时测量被测信号的数量，6251是16通道。

4）模拟输出。

需要产生模拟信号时，数据采集设备应有模拟输出功能，6251有两个模拟输出。

5）数字输入、输出。

需要对被测试系统进行控制或采集数字信号时，要求数据采集设备有数字量输入输出功能。6251具有8路数字量输入和8路数字量输出。

6）触发。

触发分模拟和数字触发，即在一定条件下采样的功能。

（3）数据采集系统

数据采集系统一般由数据采集硬件、硬件驱动程序和数据采集函数几部分组成。硬件驱动程序是应用软件对硬件的编程接口，它包含着特定硬件可以接受的操作命令，完成于硬件之间的数据传递。

LabVIEW8.2 开发环境安装时，会自动安装驱动程序。数据采集系统总体结构如图 4-48 所示。

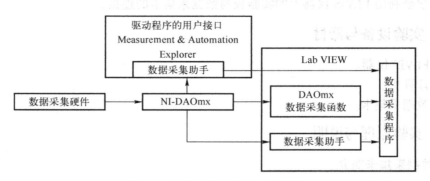

图 4-48　数据采集系统的总体结构

（4）数据采集卡的传输数据线组成

6251 数据采集卡包含 16 路的模拟量输入、2 路的模拟量输出、8 路的数字量输入、8 路的数字量输出和两个定时/计数器。

2. 实验板与数据采集卡连接部分简介

实验板上的数据采集卡接口如图 4-49 所示。

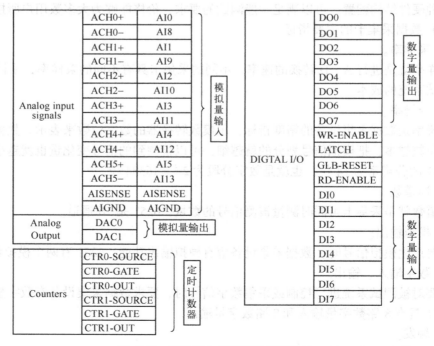

图 4-49　实验板上的数据采集卡接口

4.8.4 实验内容及方法

1. 采集卡的模拟量输入

（1）参考单端测试系统

参考单端测试系统用于测试浮动信号，信号参考点与仪器模拟输入地连接。

1）硬件电路的搭接。

这里利用 ELVIS 仪器的可调恒压源来提供一个电压，利用采集卡来测量这个直流电压信号。

用导线将面包板上的 SUPPLY + 与 ACH0 + 连接，GROUND 与 AIGND 连接，打开面包板上电源。调节 ELVIS 仪器上的恒压源，使其输出在 2.34V 左右。

开启计算机，用鼠标双击，打开 Measurement & Automation 程序，这是硬件测试程序，用来测试硬件连接是否妥当。

单击 Devices and Interfaces→NI- DAQmx Devices→NI PCI-6251 "Dev1"，选择打开按钮 Reset Device，重置设备；然后单击 "Test Panels"（检测）按钮，进入检测界面，如图 4-50 所示。

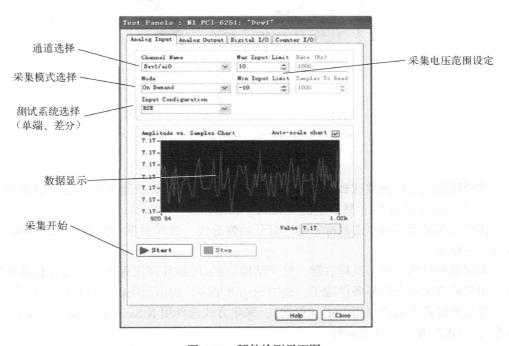

图 4-50　硬件检测界面图

通道选择为 Dev1→ai0，采集模式选择为 On Demand，测试系统选择单端为 RSE。开始采集，看采集数据，数据应为 2.5V 左右，若数据不对，则重新查看硬件电路。

2）软件程序编写。

前面板如图 4-51 所示。

新建文件：单击 LabVIEW→新建→OK，出现前面板设计窗口，单击鼠标右键出现

79

控制模板。创建波形显示表头，单击图形显示控件→波形图表，修改标签内容为"波形显示"。

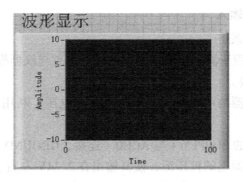

图 4-51　前面板设计窗口

流程图设计窗口如图 4-52 所示。

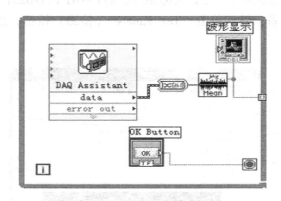

图 4-52　流程图设计窗口

选择流程图上的函数选板测量 I/O→DAQmx -数据采集，快速子 Vi 节点，选择模拟量输入→电压→ai0（通道 0），然后单击"完成"按钮。

在流程图编辑窗口单击鼠标右键，打开函数选板，选择数学→概率与统计→均值函数，放到合适位置。

创建循环结构，单击鼠标右键，打开结构→While 循环在流程图中拖动鼠标圈中所有对象。用鼠标右键单击循环条件端子，选中 Stop If True，表示当条件为真时停止循环。

这里测试系统的选择用 RSE（单端），采集方式选择用 N Samples（多点采集），选择好后单击"OK"按钮，调试运行。

（2）差分测试系统

在差分测试系统中信号的正负极分别接入两个通道，所有输入信号各自有自己的参考点。

1）硬件电路的搭接。

这里还是利用 ELVIS 仪器的可调恒压源来提供一个电压，利用采集卡来测量这个直流电压信号。用导线将面包板上的 SUPPLY + 与 ACH0 + 连接，GROUND 与 ACH0 -连接，打开面包板上电源。其他部分与上面相同。

2）软件程序编写。

软件编写与上面相同，只是测试系统的选择用 Differential（差分）。

2. 采集卡的模拟量输出

这里我们利用采集卡的模拟量输出为发光二极管提供电源，使其发亮。

（1）硬件电路的搭接

用导线将面包板上的 DAC0 与 LED0 连接。

打开计算机，用鼠标双击打开 Measurement & Automation 程序，利用上面方法打开测试程序，选择模拟量输出界面，界面如图 4-53 所示。通道选择 Dev1→ao0，模式选择 DC Value，输出的电压值选择 4V，单击"Update"按钮，查看二极管是否亮，不亮则重新连接电路，亮则开始软件编程。

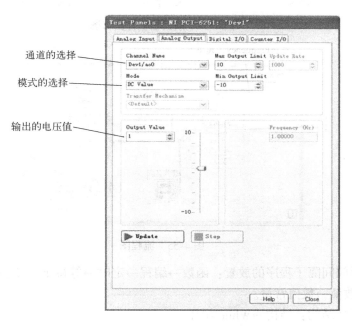

图 4-53　模拟量输出测试界面

（2）软件程序编写

编写程序为发光二极管提供正弦波的电压值，观察二极管的发亮规律。前面板设计窗口图如图 4-54 所示。

1）放置波形显示：用鼠标右键单击 Craph Inds→Chart。

2）放置频率控制旋钮：用鼠标右键单击 NUM Ctrls→Knob。

3）放置电压显示表头：用鼠标右键单击 NUM Inds→Meter。

流程图如图 4-55 所示。

1）Simulate Signal 快速子 Vi 节点的放置：Input→Simulate sig→Simulate Signal。注：用鼠标双击图标改变属性，如改变频率值（Frequency）和电压幅度值（Amplitude）等。

2）DAQ Assist 快速子 Vi 节点的放置：Output→DAQ Assist；模拟量输出（Analog Output)→电压（Voltage)→通道 ao0，然后单击"Finish"按钮。

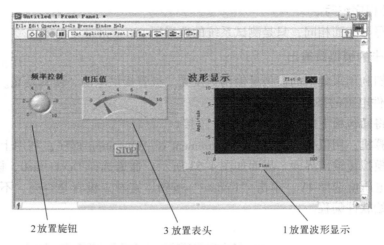

2 放置旋钮　　　　　　3 放置表头　　　　　1 放置波形显示

图 4-54　前面板设计窗口图

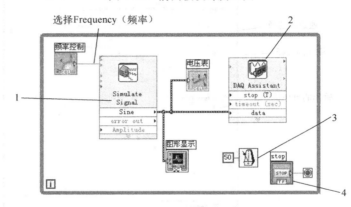

图 4-55　流程图

3）循环时间间隔子程序的放置：函数→编程→定时→等待下一个整数倍毫秒。时间间隔数的放置：数值→数值常量。

4）创建循环结构：结构→While 循环。

改变频率值和电压值观测二极管的发光规律。

改变前面板电压表的刻度值和频率控制表头的刻度值观察现象。

4.8.5　实验总结

1）总结数据采集卡的使用方法。

2）总结硬件电路的连接及设置方法。

3）总结软件程序设计方法。

4.9　本章小结

1）数值型是基本的数据类型，主要包括浮点型、整型和复数型 3 种类型。

2）布尔型只有 0 和 1 或真（True）和假（False）两种状态，也称为逻辑型。布尔输入控件有一个重要的属性叫作机械动作，使用该属性可以模拟真实开关的动作特性。

3）字符串是 ASCII 字符的集合，LabVIEW 在字符串子模板中提供大量的字符串处理函数，各种字符串常量以及字符串与数字量转换、字符串与路径转换函数。

4）数组中数组成员的数据类型必须完全一致，当数组中有 n 个成员时，成员的索引号是从 0 开始，到 $n-1$ 结束。数组既可以在前面板上创建，也可以在流程图上创建。对于二维数组，索引框中上面一个为行索引，下面一个为列索引。

5）簇是不同数据类型的集合，可以包含各种数据类型的控制件或显示件。但是，向簇中放置的对象必须同时是控制件或同时是显示件。簇能够合并成数组，称为簇数组，用于处理大量采集数据。

6）波形 Waveform 数据类型用于图形显示件来显示是很方便的。波形控件包括数据采集的起始时间 t_0、时间间隔 dt、波形数据 Y 和属性。

4.10　练习与思考

1）设计一个举重判决程序，在举重比赛中有 3 名 A、B、C 裁判，A 为主裁判，当两名以上裁判（必须包括 A 在内）认为运动员上举杠铃合格，可发出裁决合格信号。

2）设计一个程序，要求用户输入姓名和测试字符串，计算出用户姓名的字符串长度和测试字符串的第四个字符。

3）创建一个 2 行、5 列的二维数组控件，为数组成员赋值如下：

$$100, 200, 300, 400, 500$$
$$200, 300, 400, 500, 600$$

4）创建一个簇控制件，成员有"姓名""学号""性别""注册"，从这个簇控制件中提取出簇成员"姓名""注册"，显示在前面板上。

5）如图 4-56 所示，下列数组相加结果是什么？

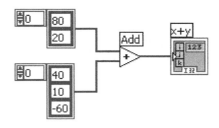

图 4-56　习题 5 图

A. 1 - D Array of {120, 30, -60}

B. 2 - D Array of {{120, 90, 20}, {60, 30, -40}}

C. 1 - D Array of {120, 30}

D. 1 - D Array of {80, 20, 40, 10, -60}

6）图 4-57 运行结果是什么？

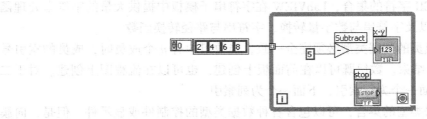

图 4-57 习题 6 图

A. 程序反复执行 While 循环，只有当用户按下 Stop 停止按钮，程序退出 While 循环。
B. 如果用户没有按停止按钮，程序运行 4 次后，退出循环。
C. While 循环运行一次后，程序停止。
D. 以上答案都不对。

第5章　图形显示

☞ **要求**

掌握应用波形图表和波形图设计程序，了解波形图表的3种显示模式，掌握波形图的显示模板各控件使用方法。

📖 **知识点**

- 实时趋势图的用法
- 事后记录图的用法
- XY 图形显示
- 强度显示

📢 **重点和难点**

- 波形图表的主要特点
- 波形图的游标特性

图形显示控件用来显示测试数据，可以观察到被测波形的变化，LabVIEW 提供了多种图形显示控件。

5.1　概述

LabVIEW 图形显示控件主要有两大类，一类为实时趋势图（波形图表），波形图表数据结构是数据标量或者数组，将采集到的数据逐点显示出来，反应被测信号的实时变化趋势。另一类为事后记录图（波形图），波形图数据结构是数组，将采集到的数据进行处理后再一次显示出来，不能实时显示被测信号的变化趋势。图形显示控件位于 LabVIEW 控制模板的新式→图形子模板中，如图 5-1 所示。图形显示控件的功能如表 5-1 所示。

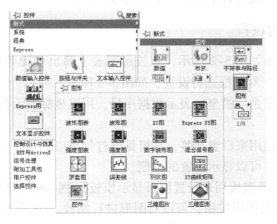

图 5-1　图形子模板

表 5-1　Graph 子模板功能

图　标	名　称	功　能
	波形图表	实时显示采集到的数据，形成图形
	波形图	事后显示采集到的数据，形成图形
	XY 图形	用于绘制 XY 图形
	强度图表	实时显示一个三维数据结构
	强度图	事后显示一个三维数据结构
	数字波形图	用来显示数字信号波形
	三维表面图	显示三维空间表面立体图
	三维参数图	显示三维空间立体图
	三维曲线图	显示三维空间曲线
	图片子模板	含有图片显示控件

5.2　波形图表控件

波形图表是实时显示控件，它是把新的数据放在已有数据后面，波形是逐点向前推进的，这种显示可以很清楚地观察到数据变化过程。波形图表既可以一次接收一个点的数据，也可以接收一组数据，最适合于实时测量中的参数监控。

5.2.1　波形图表的设置

波形图表的前面板如图 5-2 所示，在波形图表上弹出快捷菜单，选择最下面的属性命令，打开"属性设置"对话框进行设置，如图 5-3 所示。

波形图表显示数据是用横坐标表示数据序号，用纵坐标表示数据值。坐标可以设置成线性或对数。

在选项卡外观区域用来设置标签，在可见前打勾可以显示设置的标签。标题区域用来设置标题，在可见前打勾可以显示设置的标题。

图形工具选板用来设置图形显示模板，为拖动模式按钮，用鼠标可以拖动显示的曲线。为缩放图形按钮，可以对图形进行缩放。为转换按钮，与拖动模式进行转换。

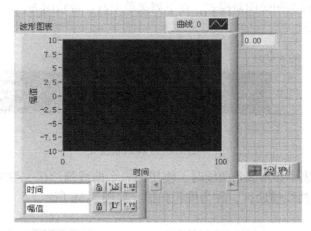

图 5-2　波形图表的前面板

图 5-3　"属性设置"对话框

图例用来设置显示图例，当在波形图表上显示多条图形时，可以用不同颜色和名称进行区分以便观察。

X 滚动条用来设置显示 X 轴滚动条，便于观察前面的波形变化。

标尺图例用于显示刻度图例，时间为横坐标名称，幅度为纵坐标名称，可以在上面直接改动。刻度锁定按钮，开锁状态为固定刻度，可以修改刻度初始值和终值，从而设置显示数据的数量或幅度。用鼠标在锁上单击一下变为锁住状态，它相邻图标的小绿灯点亮，锁住状态为自动刻度状态，坐标值自动变化，它的最大值为所显示的数据最大值。

高级\刷新模式为图像刷新模式，在下列菜单中有：带状图表、示波器图表和扫描图3种选择，如图5-4所示。

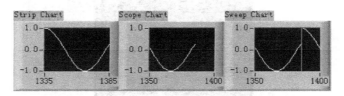

图 5-4　3 种刷新模式

在一个波形图表中显示多条曲线时，使用同一个曲线描绘区，称为层叠扫描，如图 5-5a 所示，使用不同的曲线描绘区，称为堆积扫描，如图 5-5b 所示。

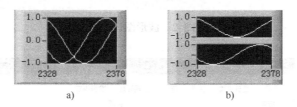

图 5-5　多曲线显示方式

a）分格显示曲线　b）层叠显示曲线

数字显示，使用数字来显示扫描曲线的最新值。

在显示格式选项卡进行格式与精度设置，如图 5-6 所示。

图 5-6　"格式与精度设置"对话框

在左上角的下拉菜单中可以选择一个坐标轴为设置数据格式。能够选择的数据格式有：浮点数、科学计数法、自动选择格式、国际单位制计数法、十六进制计数法、八进制计数法、二进制计数法、绝对时间和相对时间等。

在右上角的下拉菜单中可以选择设置精度类型，选择精度位数为设置刻度的小数点位数，选择有效数字为设置刻度的有效位数。

复选框隐藏无效零——隐藏小数末尾的0。

复选框以3的整数倍为幂的指数形式——使用科学计数法采用3的倍数。

复选框使用最小域宽——设置最小字段宽度。

默认编辑模式为默认编辑状态，高级编辑模式可以进行高级属性设置。

在曲线选项卡，可以设置曲线名称、曲线颜色、曲线线型、曲线宽度、扫描点类型和曲线插值等，如图5-7所示。

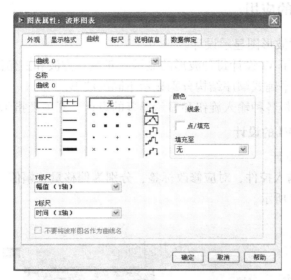

图5-7　"曲线式样"对话框

在标尺选项卡，进入"刻度设置"对话框，可以进行横坐标、纵坐标设置和横坐标、纵坐标名称的编辑，如图5-8所示。

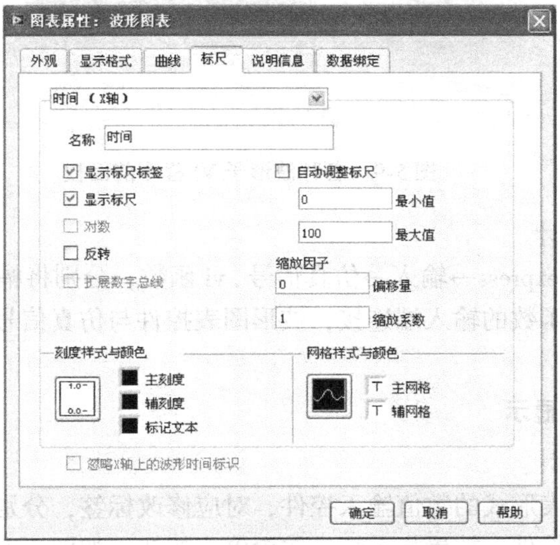

图5-8　"刻度设置"对话框

- 复选框显示标尺标签，显示刻度标签。
- 复选框显示标尺显示刻度。
- 复选框对数选中为对数分布，否则为线性分布。
- 复选框反转选中为反向，最大值与最小值对调。
- 复选框扩展数字总线为自动刻度，不选此项可以设置刻度的最大值和最小值。
- 刻度系数缩放因子用于设置刻度偏移量和缩放系数。
- 网格样式与颜色为设置刻度样式和颜色。

5.2.2　波形图表的应用

【例5-1】　多种波形图显示设计。

要求：1）利用子 VI 设计每种波形的显示（正弦、方波和三角波）。

　　　2）利用平铺式顺序结构分别显示不同的波形。

　　　3）前面板各种输入旋钮和显示屏幕的设计，开关及指示灯的设计。

1. 各种波形子 VI 的设计

（1）前面板的设计

放置 4 个数值输入控件，对应修改标签，分别为偏移量、幅值、频率和相位，放置波形图表控件，如图 5-9 所示。

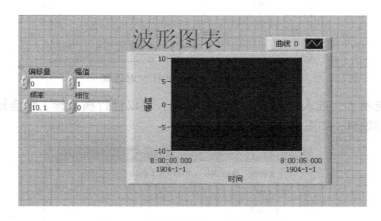

图 5-9　各种波形子 VI 程序前面板

（2）程序图的设计

调用功能选板中 express→输入→仿真信号 . vi 函数，分别将幅度、偏移量、频率和相位控件图表与仿真信号函数的输入端连接，波形图表控件与仿真信号函数的正弦输出连接，如图 5-10 所示。

2. 多种波形图的显示

（1）前面板的设计

放置 4 个不同外表形式的数值输入控件，对应修改标签，分别为偏移量、幅值、频率和相位；放置波形图表控件；放置指示灯；放置停止按钮，如图 5-11 所示。

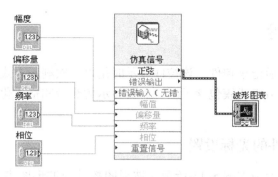

图 5-10　各种波形子 VI 程序流程图

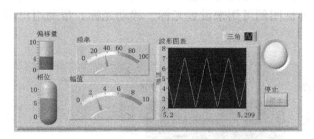

图 5-11　多种波形图显示 VI 程序前面板

（2）程序图的设计

首先放置 While 循环，在循环的内部放置平铺式顺序结构，它们都在函数选板的编程→结构子模板下。给平铺式顺序结构添加数据帧，做成 3 帧结构，如图 5-12 所示。

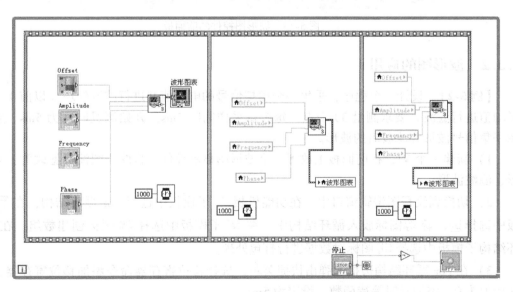

图 5-12　多种波形图显示 VI 程序流程图

调用上面编写的各种波形子 VI 程序，调用函数选板→编程→定时→时间计数器.vi 函数，创建波形图表的局部变量，设置延时 1000ms。

5.3 波形图控件

波形图控件是事后记录控件，该控件显示时是以一次刷新方式进行的，数据输入基本形式是数组或簇，输入数组或簇包含了所有需要显示的测量和格式化数据，事后记录控件最适合用在事后数据分析。

5.3.1 波形图控件的光标设置

波形图控件的前面板如图 5-13 所示，波形图控件与波形图表控件的大部分功能都是类似的，特别是波形图控件具有光标功能，利用它可以准确地读出曲线上任何一点数据，方便分析某一时刻值。光标图例可用来设置光标、移动光标，帮助用户用光标直接从曲线上读取感兴趣的数据。

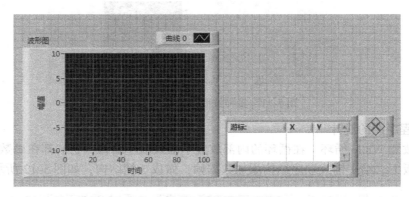

图 5-13　波形图控件的前面板

5.3.2 波形图的应用

【例 5-2】　设计一个程序，采集一个模拟信号的电压值并进行滤波处理（以前 4 个点的平均值进行滤波）要求测量 30 个点，每个点采样间隔 5ms，开始测量时间为 5ms。要求显示采集信号波形和滤波后的波形。

1）新建一个 VI，在前面板上放置一个波形图显示控件，将曲线图注标签改为：采集波形、滤波波形。

2）切换到流程图编辑窗口中，在功能模板 ▦ 子模板中选择 For 循环结构，在 ▷ 子模板中选择 ▦、▦ 等图标放入循环结构中。在 ▦ 子模板中选择 ▦ 图标创建数组。在 ▦ 循环结构子模板中选择 ▦ 图标对数据进行打包处理。

3）在 For 循环结构边框上弹出快捷菜单，选择移位寄存器命令添加移位寄存器，设置初始值为 0。添加延时等待函数，设定为 5ms。

4）按照图 5-14 完成连线，运行程序。运行结果如图 5-15 所示。

注意：X 轴的标度总是根据 X_0、dt 和数据的长度自动调节的，但是数据打包顺序不能错，如图 5-15 所示。

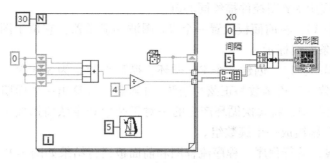

图 5-14 例 5-2 流程图

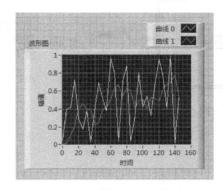

图 5-15 例 5-2 运行结果

5.4 XY 图形控件

波形图的 Y 值对应实际测量的数据，X 值对应测量点的序号，适合按照一定采样时间采集数据的变化。对于扫描 Y 值随 X 值变化的曲线，可以采用 XY 图控件，如图 5-16 所示。XY 图控件也是一次性完成波形扫描刷新，输入数据是由两组数据打包构成簇，簇的每一对数据都对应一个 XY 坐标。下面通过一个示例来说明 XY 图的用法。

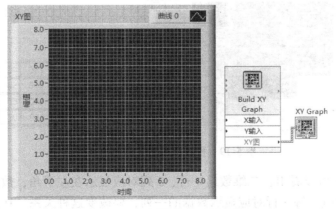

图 5-16 XY 图控件前面板和端口

【例5-3】 应用 XY 图控件描绘同心圆。

1）创建一个 VI，在前面板放置一个 XY 图波形显示器，它位于图形显示子模板中，使曲线图注显示两条曲线标示。

2）打开流程图窗口，创建一个 For 循环，循环次数定为 360 次，调出函数选板→数学→初等与特殊函数→三角函数→正弦与余弦.vi 函数，计算出一个周期 0~2π 的数据，再选择簇打包函数捆绑.vi，将每次循环产生的一对正弦值和余弦值攒成一个簇，循环结束后再用捆绑.vi 将这个簇组成一个簇数组。

3）完成连线，运行程序。程序流程图和前面板运行结果如图 5-17 和图 5-18 所示。

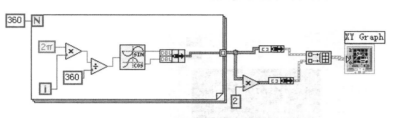
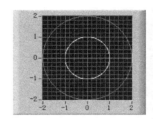

图 5-17　同心圆程序流程图　　　　　　　　　图 5-18　前面板运行结果

5.5　强度图控件

强度图控件是用一个二维密度图表表达一个三维数据结构。例如，利用屏幕色彩亮度来反映一个二维数组元素值的大小。

【例5-4】 用强度图显示二维数组的大小。

1）创建一个 VI，在前面板放置一个强度图波形显示器，它位于控件选板→新式→图形子模板中。将 Y 轴的刻度改为列，X 轴的刻度改为行。

2）打开流程图窗口，创建一个 4 行、4 列二维数组。

3）完成连线，运行程序。程序流程图和前面板运行结果如图 5-19 所示。

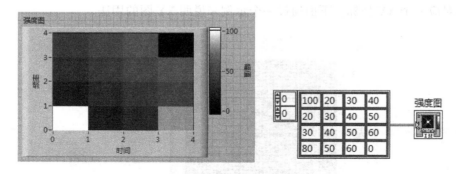

图 5-19　程序流程图和前面板运行结果

从图 5-19 中可以看出，二维数组 0 行、0 列对应显示在左下角，数组的每一列对应显示数据的一行，数组的每一行对应显示数据的一列，要改变这种关系，在强度图的快捷菜单上选择转置数组命令。

5.6 实训 数字量的输入/输出

5.6.1 实验目的

1）学会 6251 数据采集卡的数字量输入/输出功能的使用。
2）学会利用 ELVIS 仪器上的实验板与数据采集卡的连接。

5.6.2 实验设备与器材

1）ELVIS 仪器。
2）计算机。
3）数据采集卡。

5.6.3 实验内容及方法

1. 采集卡的数字量输入

这里利用 ELVIS 仪器的可调恒压源来提供高、低两种电平，利用采集卡的数字量输入通道来读取出输入的高低电平。这里首先调节 ELVIS 仪器上的恒压源，使其输出在 4～5V。用导线将面包板上的 SUPPLY + 分别与 DI0、DI3 连接，GROUND 与 DI1、DI2 连接，打开面包板上电源。

打开计算机，打开 ELVIS 程序。步骤是：开始→程序→National Instrument→NI ELVIS 3.0→NI ELVIS 按下"Digital Reader"（数字信号读入）按钮，打开数字量输入检测界面，如图 5-20 所示，这是硬件测试程序，用来测试硬件连接是否妥当。

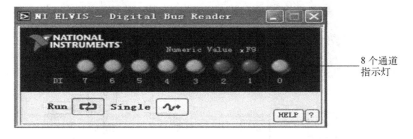

图 5-20 数字量输入检测界面

2. 软件程序编写

1）利用高级子程序编写。
此处利用采集子程序中的读数字量程序 Digital Reader 编写，如图 5-21 所示。
① 新建 VI，前面板中放置 8 个发光管，布尔→图形指示灯。
② 放置双线边框，新式→修饰→平面框。
③ 在函数模板中选择 Digital Reader 函数，测量 I/O→NI ELVIS→Digital Reader。
对应连线，运行。观测发光管的亮、灭情况是否与输入信号一致。

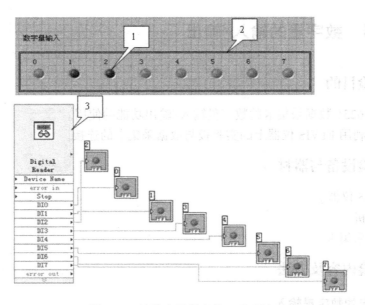

图 5-21　读数字量程序前、后面板

2）利用低级子程序编写。

利用采集子程序中的低级数字量输入程序编写，前后面板如图 5-22 所示。

① 新建一个 VI，前面板中放置数组函数新式→数组、矩阵与簇→数组。

在数组放置一个发光管，步骤是：用鼠标右键单击→布尔→图形指示灯。拖动数组外框放置所需个数的发光二极管。

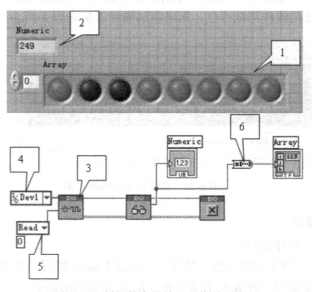

图 5-22　低级数字量输入程序前后面板

② 放置数字：数值→数值输入控件。

③ 在流程图中选择相应函数，步骤是：测量 I/O→NI ELVIS→Low Level NI ELVIS VIS→Digital I/O。

④ 放置设备号（Dev1）：使用连线工具选择程序单击鼠标右键→创建→常量，然后用鼠标单击右边的小三角，选择对应项。

⑤ 程序状态（Read）：使用连线工具选择程序单击鼠标右键→创建→常量，然后用鼠标单击右边的小三角，选择对应项。

⑥ 数值转化为开关量：函数→编程→布尔→数值至布尔数组转换。

3. 采集卡的数字量输出

（1）硬件电路的搭接

这里利用采集卡的数字量输出提供高低电平使实验板上的发光二极管发亮。用导线将面包板上的 DO0 与 LED0 连接，DO1 与 LED1 连接，DO2 与 LED2 连接，DO3 与 LED3 连接。利用上面方法打开 ELVIS 程序，按下"Digital Writer"按钮，打开数字量输出检测界面，如图 5-23 所示。将 0 和 2 打到高电平上，将看到 LED0 和 LED2 二极管发亮。这是硬件测试程序，用来测试硬件连接是否妥当。

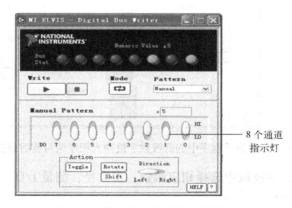

图 5-23　数字量输出硬件检测界面图

（2）软件程序编写

1）利用高级子程序编写。

利用采集子程序中的读数字量（Digital Writer）程序编写，前后面板界面图如图 5-24 所示。

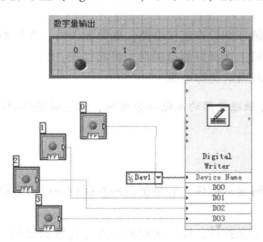

图 5-24　采集子程序中的读数字量（Digital Writer）程序编写前后面板界面图

新建一个 VI，在模板中选择 Digital Writer 函数，步骤是：测量 I/O→NI ELVIS→Digital Writer。

2）利用低级子程序编写。

利用采集子程序中的低级数字量输入程序编写，前后面板界面图如图 5-25 所示。

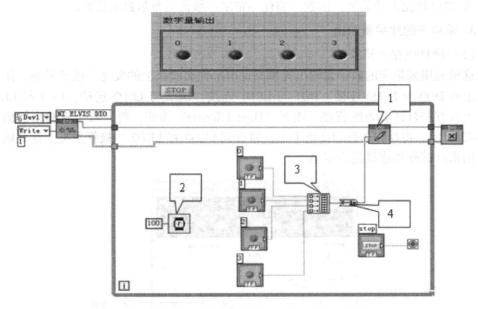

图 5-25　采集子程序中的低级数字量输入程序编写前后面板界面图

① 新建一个 VI，在模板中选择相应函数，步骤是：测量 I/O→NI ELVIS→Low Level NI ELVIS VIS→Digital I/O。

② 延时器的建立：用鼠标右键单击→编程→定时→等待（ms）。

③ 数组打包的建立：用鼠标右键单击→编程→数组→创建数组。

④ 开关量转化为数值：编程→布尔→布尔数组至数值转换。

5.6.4　注意事项

1）实验板通电前请仔细检查连接电路，确保无误后，方可通电调试。

2）测量前在计算机上选择好测量项目，将其打开。

3）仪器在不使用时及时关掉电源。

注意：测量时请勿触碰仪器的其他部分按钮，以免误操作损坏仪器。

5.7　本章小结

1）波形图表是实时显示控件，它是把新的数据放在已有数据后面，最适合于实时测量中的参数监控。

2）波形图是事后记录控件，以一次刷新方式进行数据显示，数据输入基本形式是数组或簇，事后记录控件最适合用在事后数据分析。

3）波形图具有光标功能，利用它可以准确地读出曲线上任何一点数据，可以很方便分析某一时刻的坐标值。

4）对于扫描 Y 值随 X 值变化的曲线，可以采用 XY 图控件。XY 图控件也是一次性完成波形扫描刷新，输入数据是由两组数据打包构成簇，簇的每一对数据都对应一个 XY 坐标。

5）强度图控件是用一个二维密度图表表达一个三维数据结构。例如，利用屏幕色彩亮度来反映一个二维数组元素值的大小。

5.8　练习与思考

1）设计温度上、下限报警器，要求当模拟采集的温度低于下限温度设定时或超过上限温度设定时，给出报警提示。

2）设计一个程序，采集一个模拟信号的电压值并进行滤波处理（以前 3 个点的平均值进行滤波）要求测量 20 个点，每个点采样间隔 10ms，开始测量时间为 0ms。要求显示采集信号波形和滤波后的波形。

3）设计一个 VI 程序，显示一个半径为 6 的圆。如何构建二心圆和三心圆呢？

4）设计一个 VI 程序，产生一个随机 6 行、5 列二维数组，试用强度图显示其结果。

第6章　文件 I/O

☞ **要求**

掌握文件 I/O 子模板及节点函数，能够进行文件的读出和写入。灵活使用文件 I/O 函数编写实用程序。

📖 **知识点**
- 文件 I/O 子模板和节点函数
- 文件 I/O 子模板及节点的用法和实例

🔊 **重点和难点**
- 电子表格数据文件的读出和写入
- 波形数据记录文件的应用

6.1 文件的输入/输出 (I/O)

LabVIEW 提供文件 I/O 函数，利用这些函数可以进行创立新文件、读、写文件，删除、移动及复制文件，查看文件等操作。

文件的输入/输出操作主要有以下 3 个步骤：

1）新建或打开一个已有的文件。

2）对文件进行读或写操作。

3）关闭打开的文件。

LabVIEW 支持两种文件类型：流文件 Byte Steam File 和块记录文件 Datalog File。

流文件的基本数据单元为 Byte，流文件的数据输入既可以是单一数据，也可以是任意数据类型组合。

块记录文件的基本数据单元为特定结构的记录块，这些记录块既可以是 LabVIEW 的任何数据类型，也可以是它们的组合，同一个数据块的结构必须相同。

LabVIEW 支持以下 4 种文件格式：

1. 二进制文件

二进制文件是最紧凑的数据存储文件格式，存取速度快。存取二进制格式文件必须把数据转换为二进制字符格式，二进制文件是字节流文件。

2. ASCII 码文件

ASCII 码文件也称为文本文件，这种格式文件可以被任何文本编辑器打开，具有良好的直观性和兼容性。但是，用这种格式存储文件，在写文件前必须进行数值到字符串的转换。数据读出后，还必须进行字符串到数值的转换。ASCII 码文件占用磁盘空间大，存取速度慢，是字节流文件。

3. 数据记录文件

数据记录文件类似于数据库文件，它可以把不同的数据类型存储到同一个文件中，以记录的形式存储数据，每一个记录就是一个簇，一个记录中可以存储不同类型的数据，是块记录文件。

4. 波形文件

波形文件包含波形数据特有的一些信息，如采样的起始时间 t_0、采样步长 dt 等，是块记录文件。

一个流文件可以在文件末尾追加一个新的数据，也可以在文件任何地方覆盖一些数据。一个块记录文件只能在文件末尾追加或删除一个记录，不能在任意位置覆盖一个已有的记录。

6.1.1 文件 I/O 函数

文件 I/O 函数位于函数选板→编程→文件 I/O 子模板中，它们分别用于数据文件操作和波形文件操作。文件 I/O 函数子模板如图 6-1 所示。

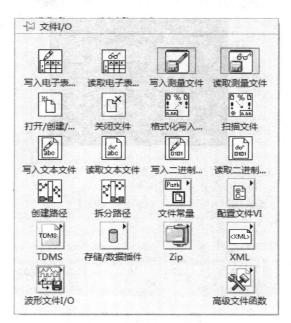

图 6-1　文件 I/O 函数子模板

写电子表格文件函数——用于将由数值组成的一维或者二维数组转换为文本字符串，再将它写入一个新建或已有的电子表格文件。

读电子表格文件函数——用于从某个文件的特定位置读取指定数或者列内容，再将数据转换成二维、双精度数组，它用于读取用电子表格格式存储的电子表格文件。

读文本文件函数——它用于读取用文本格式存储的文件。

写文本文件函数——它用于存储用文本格式存储的文件。

写入二进制文件函数——它用于存储用二进制格式存储的文件。

读取二进制文件函数——它用于读取用二进制格式存储的文件。

创建路径函数——用于新建一个路径。

拆分路径函数——用于拆分一个路径。

波形文件操作函数位于文件 IO 子模板中，再选择 ██ 波形文件 I/O 函数，包括：

写入波形至文件函数——它用于存储波形数据至波形文件。

从文件读取波形函数——它用于从波形文件读取波形数据。

导出波形至电子表格文件函数——它用于存储波形数据至电子表格文件。

6.1.2 读写文本文件

【例 6-1】 创建压力采集数值的文本存储文件，程序设计步骤如下。

1）前面板：放置波形显示控件为"压力显示"，放置一个数字控件"采样点数"，数值类型，如图 6-2 所示。

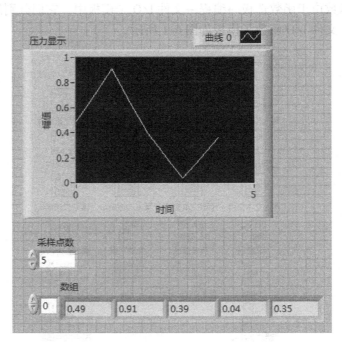

图 6-2 写文本文件前面板

2）程序框图（如图 6-3 所示）：放置一个 For 循环，计数端口与"采样点数"相连。用随机数来模拟现场采样的压力，并在前面板显示采样波形。在字符串子模板中选择格式化字符串函数将压力值转换为字符串，在端口单击鼠标右键弹出命令，创建一个字符串常量"%.2f;"，（各个字符串以；分隔，转换后保留两位小数）。

3）在文件 I/O 子模板选择写文本文件，将测量转换后的字符串写入文件中。在文件路径端口选择创建路径（创建常量）命令，创建一个路径常量，输入 E：\ 1111. txt，表示向该文件写入字符串。

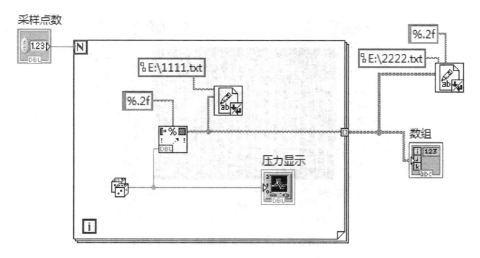

图 6-3　写文本文件流程图

4）完成连线，运行程序。查看文件，只有最后的数据符号。

5）创建数组显示所有数据。（数组为字符串数组）。

【例 6-2】　读取压力采集数值的文本存储文件，程序设计步骤如下。

1）前面板：放置一个波形显示控件，将标签内容改为"压力显示"，选择 Y 轴、X 轴为自动比例缩放。放置一个字符串显示器，标签改为"读取数据"。

2）在文件 I/O 子模板选择读文本文件，计数端口默认值为 - 1，表示读取整个文件。在路径端口选择输入 e：2222. txt，表示读取该文件字符串。

3）在功能模板上选择将提取的字符串转换为双精度数据类型的一维数组，将输出与压力显示器相连。

4）完成连线，运行程序。程序流程图如图 6-4 所示，前面板运行结果如图 6-5 所示。

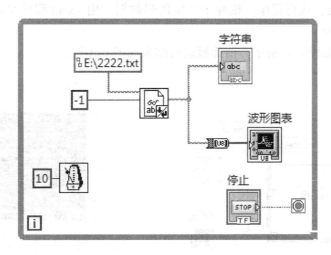

图 6-4　读文本文件程序流程图

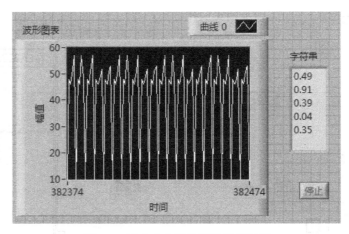

图 6-5　读文本文件前面板运行结果

6.1.3　读写电子表格文件

【例 6-3】　利用写入电子表格文件 . vi 函数写电子表格文件，程序设计步骤如下。

1）新建一个 VI，在前面板上放置一个波形图波形显示控件。

2）在程序框图上放置一个 For 循环，计数端口与数字常量相连。用随机数来模拟现场采样信号。在数组子模板中选择创建数组函数。

3）在文件 I/O 子模板选择写入电子表格文件 . vi，用于将数据写入电子表格文件中。在文件路径端口单击鼠标右键打开下拉列表，选择创建→常量命令，创建一个路径常量，输入 e：\ file \ bg. xls，表示写入文件的路径。（注意：程序运行前，在 e 盘上已经建立了 file 文件夹，否则程序报错。）在格式端口单击鼠标右键，在弹出的快捷菜单上选择创建→常量命令，创建一个"字符串常量"对话框，输入"%. 3f"，表示保留 3 位小数。

4）完成连线，运行程序。该程序产生两列数据，用 Excel 程序可以看到第 1 列为随机数，第 2 列是序号。

程序流程图如图 6-6 所示，前面板运行结果如图 6-7 所示。

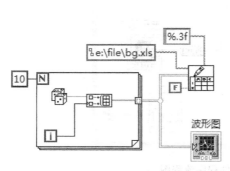

图 6-6　写电子表格文件程序流程图

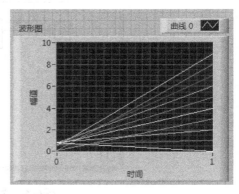

图 6-7　写电子表格文件前面板运行结果

【例6-4】 利用读取电子表格文件.vi读电子表格文件，程序设计步骤如下：

1）新建一个VI，在前面板上放置一个波形图波形显示控件，放置两个数字控件，标签分别设置为"读取数据行数"和"开始读数位置"。

2）在File I/O子模板选择读取电子表格文件.vi，用于从电子表格文件中读取数据，在路径端口选择创建→常量命令，创建一个路径常量，输入e：\ file \ bg. xls，表示读取文件的路径。

3）完成连线，运行程序。该程序读出的图形与写入的图形一致。

程序流程图如图6-8所示，前面板运行结果如图6-9所示。

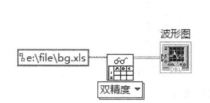

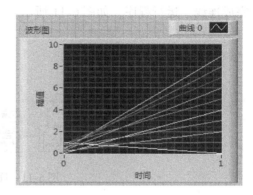

图6-8　读电子表格文件程序流程图　　　　图6-9　读电子表格文件前面板运行结果

6.1.4　读写二进制文件

【例6-5】 利用写入二进制文件.vi函数存储学生基本信息，程序设计步骤如下：

1）新建一个VI，在前面板上放置一个簇控件。

2）在簇控件内按先后顺序以此放入两个字符串输入控件和4个数值输入控件。分别修改控件标签依次为：班级、姓名、学号、数学、语文和英语；数值输入控件表示法全部修改为长整型I32，如图6-10所示。

3）在文件I/O子模板选择写入二进制文件.vi函数，用于将数据写入二进制文件中。在文件路径端口用鼠标右键单击，选择下拉列表中的创建→常量命令，创建一个路径常量，输入e：\ 1. bin，表示写入文件的路径。其他端口采用默认值。

4）完成连线，运行程序，如图6-10所示。

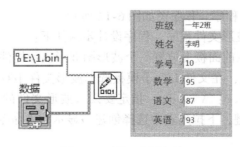

图6-10　写二进制文件

【例6-6】 利用读取二进制文件.vi函数读取学生基本信息，程序设计步骤如下：

1）新建一个VI，在前面板上放置一个簇控件。

2）在簇控件内按先后顺序依次放入两个字符串显示控件和4个数值显示控件；分别修改控件标签依次为：班级、姓名、学号、数学、语文和英语；数值输入控件表示法全部修改为长整型I32，如图6-11所示。

3）转换到流程图上，在文件I/O子模板选择读取二进制文件.vi函数，在文件路径端口用鼠标右键单击，选择下拉列表中的创建→常量命令，创建一个路径常量，输入 e：\ 1.bin，表示读出文件的路径。其他端口采用默认值。

完成连线，运行程序，如图6-11所示。

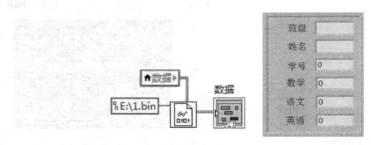

图6-11 读二进制文件

6.2 波形数据记录文件

在数据采集和信号分析中经常遇到波形数据，LabVIEW在文件I/O子模板中波形文件I/O提供3个波形文件函数。

【例6-7】 建立写波形文件程序。程序设计步骤如下：

1）新建一个VI，在前面板上放置一个波形图表波形显示控件。

2）转换到流程图上，在文件I/O子模板中选择波形文件I/O→写入波形至文件.vi函数和导出波形至电子表格文件.vi函数，在它们的文件路径端口输入 e：\ bx.dat和e：\ bg.xls，指定写入波形文件的路径和文件名。

3）在波形子模板选择创建波形函数，波形端口与正弦波形发生器（位于信号处理→波形生成→正弦波形.vi函数的输出端相连，将t0与位于编程→定时子模板中的获得日期→时间（s）.vi函数相连。

4）完成连线，运行程序。程序图如图6-12所示。

【例6-8】 建立读波形文件程序。程序设计步骤如下：

1）新建一个VI，在前面板上放置一个波形图波形显示控件。

2）转换到流程图上，在文件I/O子模板选择波形文件I/O→从文件读取波形.vi函数，在它的文件路径端口输入 e：\ bx.dat，指定要读入波形文件的路径和文件名。在记录中第一波形端口单击鼠标右键，下拉列表中选择创建→显示控件命令，在前面板创建一个波形显示器。

3）在编程→波形子模板选择获取波形成分函数，分解波形数据函数。

4）完成连线，运行程序。程序图如图6-13所示。

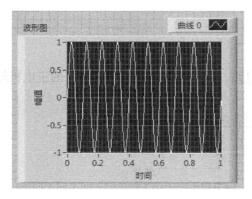
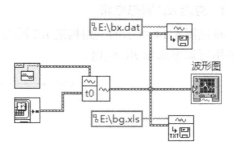

图 6-12　写波形文件程序图

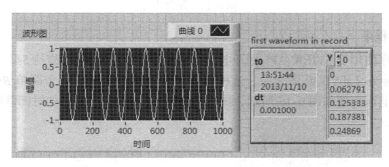

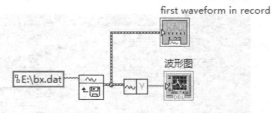

图 6-13　读波形文件程序图

6.3　实训　*RC* 瞬态电路电压分析

6.3.1　实验目的

1）学习 ELVIS 仪器上可调电源模块程序的使用。

2）学习基于 Lab VIEW 的实现 *RC* 瞬态电路电压可视化程序的编写。

6.3.2　实验设备与器材

1）计算机。

2）ELVIS 仪器。

3）1μF 电容。

4）1MΩ 电阻。

6.3.3 实验内容及方法

1. 构造 *RC* 瞬态电路

按照图 6-14 所示的电路构造 *RC* 瞬态电路，其中 VPS + 是指可调电源的正电极输出，这里利用可调电源给 *RC* 供电。

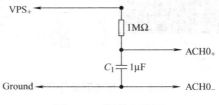

图 6-14　硬件电路图

2. 软件程序

这个程序使用 LabVIEW API 打开电源维持 5s 后，再关闭电源维持 5s。其间，电容器两端的电压显示在 LabVIEW 图表中。这种方波激励清楚地展现了一个简单 *RC* 电路的充电和放电特性，前面板图如图 6-15 所示，流程图如图 6-16 所示。电路的时间常数 τ 由 *R* 和 *C* 的乘积确定。

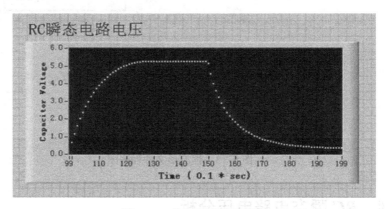

图 6-15　软件程序前面板图

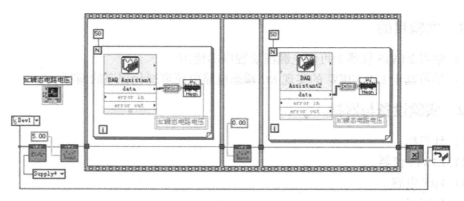

图 6-16　软件程序流程图

根据基尔霍夫定律，电容器两端的充电电压 U_D 为：

$$U_\text{D} = U_0 \left(1 - \text{e}^{-\frac{1}{\tau}} \right)$$

放电电压 U_D 为：

$$U_\text{D} = U_0 \left(\text{e}^{-\frac{1}{\tau}} \right)$$

这里编写程序用到可调电源程序子模块，包含可调电源初始化函数、输出电压值函数、关闭电源函数。调出的步骤为：对应函数调出的步骤为：用鼠标右键→Express→输入→instrument→NI ELVIS→low level NI ELVIS Vis→Variable Power Supplies。

程序中依次发生的事件如下：

1）可调电源初始化函数打开 NI ELVIS，并选定正电源。

2）输出电压值函数将正电源输出电压设定为 5V。

3）第一个顺序执行框连续测量 50 次电容器两端的电压。

4）在 For 循环中，DAQ 数据采集助手 VI 以每秒 1000 次的采样速率读取 100 个采样点，并将结果存入数组中。

5）数组被传入 Mean VI，返回这 100 个读数的平均值。

6）使用局部变量（*RC* 充电与放电）将平均值传入图表。

7）第二个顺序执行框将 VPS + 电压设置为 0。

8）最后一个顺序执行框测量放电过程中的另 50 个平均值采样点。

9）关闭电源参考，可调节电源输出被设置为 0。

6.3.4　注意事项

1）实验板通电前请仔细检查连接电路，确保无误后，方可通电调试。

2）测量前在计算机上选择好测量项目，将其打开。

3）仪器在不使用时及时关掉电源。

注意：测量时请勿触碰仪器的其他部分按钮，以免误操作损坏仪器。

6.4　本章小结

1）文件的输入/输出操作主要有以下 3 个步骤：

① 新建或打开一个已有的文件。

② 对文件进行读或写操作。

③ 关闭打开的文件。

2）LabVIEW 支持 4 种文件 I/O 格式：二进制文件、ASCII 码文件、数据记录文件和波形文件。

3）一个流文件既可以在文件末尾追加一个新的数据，也可以在文件任何地方覆盖一些数据。一个块记录文件只能在文件末尾追加或删除一个记录，不能在任意位置覆盖一个已有的记录。

6.5　练习与思考

1）数据存放有哪几种格式？各有什么优缺点？

2）设计一个程序，当输入密码正确时显示"OK"，当输入密码错误时显示"重新输入密码"。

3）设计一个 VI 程序，用波形图显示幅值分别为 1 和 3 的两条正弦波，并将波形数据写入电子表格文件。

4）设计一个 VI，读取习题 3）存储的电子表格文件。

5）产生锯齿波数据并记录为波形文件。

6）将锯齿波波形文件中的数据读取出来并用图表显示。

第7章 数据采集

☞ **要求**

掌握数据采集的概念、数据采集系统的构成、数据采集 VI 的使用、数据采集设备的设置与测试，了解数据采样的概念。

📖 **知识点**

- 数据采集的概念
- 数据采集系统
- 数据采集 VI 的使用
- 数据采集设备的设置与测试
- 数据采样的概念

📣 **重点和难点**

- 数据采集 VI 的使用
- 数据采集设备的设置与测试

7.1 概述

数据采集就是将电压、电流、温度和压力等物理信号转换为数字量并传递到计算机中的过程。

数据采集系统一般由数据采集硬件、硬件驱动程序和数据采集函数几部分组成。硬件驱动程序是应用软件对硬件的编程接口，它包含着特定硬件可以接受的操作命令，完成与硬件之间的数据传递。

LabVIEW 2010 开发环境安装时，会自动安装驱动程序。数据采集系统总体结构如图 7-1 所示。

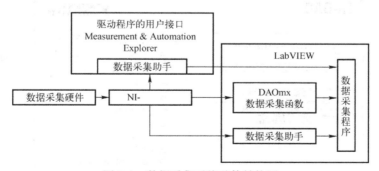

图 7-1　数据采集系统总体结构图

7.2 数据采集 VI

LabVIEW 中的数据采集 VI 位于功能模板 Input→DAQ Assist 中，在流程图编辑区放入快速子 VI 节点，系统自动打开的界面如图 7-2 所示。其中包含 5 种测量项目，分别是模拟量输入（Analog Input）、模拟量输出（Analog Output）、计数器输入（Counter Input）、计数器输出（Counter Output）、数字量输入/输出（Digital I/O）。

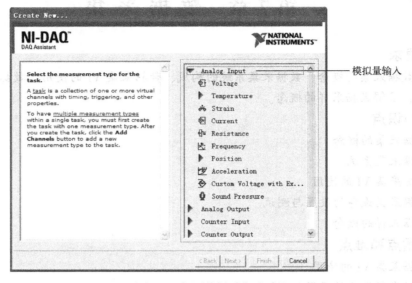

图 7-2　打开数据采集助手

7.2.1　模拟量输入

子 VI 程序的参数设置如下。

1. 测量项目选择设置

如图 7-3 所示，测量项目主要包括：电压、温度、电流、电阻和频率等测量项目可供选择。

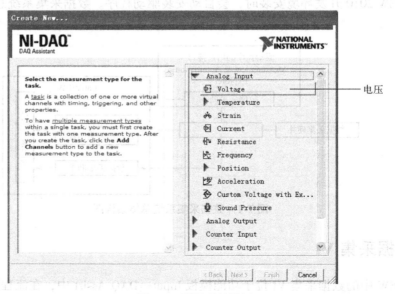

图 7-3　测量项目设置

2. 测量通道的选择设置

这里有 16 个测量通道可供选择，它将对应硬件连接，如图 7-4 所示。

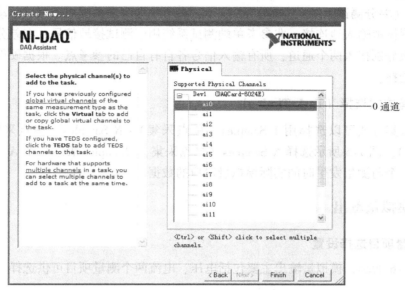

图 7-4　选择测量通道

3. 极限设置（Voltage Input Setup）

极限设置是测试或输出的模拟信号的最大值和最小值，它关系到数据采集设备的增益。每一个模拟输入或输出信道可以有一对单独的极限设置量，极限设置量必须在设备的输出/输入范围内。如果不给数据采集 VI 输入极限设置参数，或者为上、下限参数输入为 0，那么就使用设备的默认范围，如图 7-5 所示。

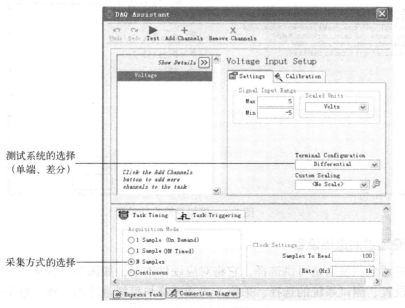

图 7-5　输出电压极限设置

4. 测试系统的选择 (Terminal Configuration)

这里测试系统有 3 种：RSE（参考单端测试系统）、NRSE（非参考单端测试系统）和 Differential（差分测试系统），如图 7-5 所示，参考单端测试系统用于测试浮动信号，信号参考点与仪器模拟输入地连接；非参考单端测试系统用于测试接地信号；在差分测试系统中信号的正负极分别接入两个通道，所有输入信号各自有自己的参考点。根据硬件连线的不同可进行适当选择。

5. 采集方式选择 (Task Timing)

这里采集方式可以选择用 1 Samples（单点采集）、N Samples（多点采集）、Continous（连续采集）。图 7-5 所示选择 N Samples（多点采集）。Samples 表示一个 A – D 转换：它是一个点、一个与测量发生时的实际模拟量对应的数据。

7.2.2 模拟量输出

1. 测量项目选择设置

如图 7-6 所示，模拟量输出主要包括电压、电流两个测量项目可供选择。

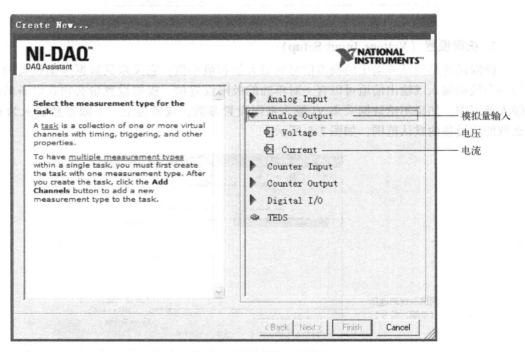

图 7-6　模拟量输出的设置

2. 测量通道的选择设置

这里有两个测量通道可供选择，它将对应硬件连接，如图 7-7 所示。

极限设置、测试系统的选择、采集方式选择都与模拟量输入一致，这里就不介绍了。

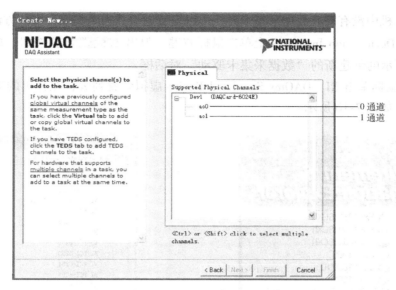

图 7-7　测量通道的选择

7.3　数据采集设备的设置与测试

　　数据采集设备要根据测试的条件与测试目的进行正确的设置才能正常工作。一个数据采集系统进行调试之前和运行中发生异常时，需要首先对数据采集设备进行测试，以排除硬件故障。设置与测试在驱动程序的用户接口 Measurement & Automation Explorer 中进行。这里以美国 NI 公司的 PCI–6251 数据采集卡为例，说明数据采集设备设置与测试的方法。

7.3.1　数据采集设备安装

　　PCI–6251 数据采集卡同美国 NI 公司绝大部分数据采集卡一样是即插即用型的设备，硬件正确安装后，如果机器里安装了 LabVIEW 和 NI–DAQ，它就会出现在 Measurement & Automation Explorer 的 Configuration→My System→Devices and Interfaces 列表中，如图 7-8 所示。

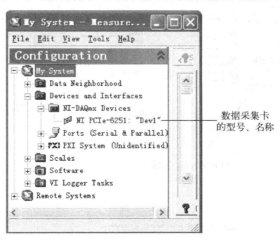

图 7-8　数据采集卡的配置

当计算机中没有安装数据采集卡时，可以安装虚拟数据采集卡，安装方法如下：

1）在 Devices and Interfaces 上单击鼠标右键，弹出 Create New... 按钮，单击该按钮，弹出图 7-9 所示的创建新的"数据采集卡驱动"对话框。

2）用鼠标单击 NI‒DAQmx Simulated Device 虚拟装置列表，在弹出的对话框中选择采集卡型号，如图 7-10 所示。

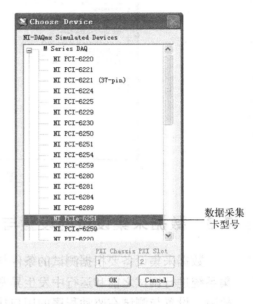

图 7-9　创建新数据采集卡驱动　　　　　　图 7-10　选择 M 系列采集卡型号

7.3.2　数据采集设备测试

打开计算机，用鼠标双击打开 Measurement & Automation 程序，界面如图 7-11 所示，这是硬件测试程序，用来测试硬件连接是否妥当。

图 7-11　Measurement & Automation 程序界面

用鼠标单击 Devices and Interfaces→NI－DAQmx Devices→NI PCI－6251："Dev1"，选择打开按钮 Reset Device，重置设备；然后单击"Test Panels"（检测）按钮，进入检测界面，如图 7-12 所示。

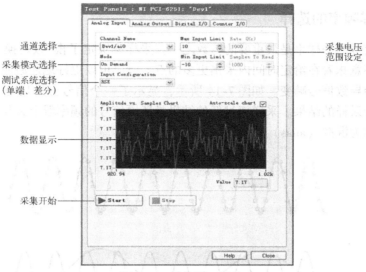

图 7-12　模拟输入测试

1. 模拟输入测试

在测试面板上选 Analog Input 选项卡，按图 7-12 所示的对话框进行模拟输入测试。各个项目按钮的使用如图 7-12 所示。

2. 模拟输出测试

在测试面板上选 Analog Output 选项卡，按图 7-13 所示的对话框进行模拟输出测试。各个项目按钮的使用如图 7-13 所示。

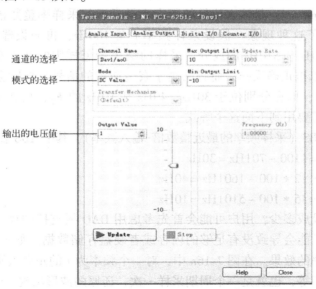

图 7-13　模拟输出测试

7.4 数据采样概念

7.4.1 采样频率的选择

对输入信号的采样率是最重要的参数之一。采样率决定了模-数转换（A - D）的频率。较高的采样率意味着在给定时间内采集更多的点，所以可以更好地还原原始信号。而采样率过低则可能会导致信号畸变。如图7-14所示，显示了一个信号分别用充分的采样率和过低的采样率进行采样的结果。采样率过低的结果是还原信号的频率看上去与原始信号不同，这种信号畸变称为混频（alias）。

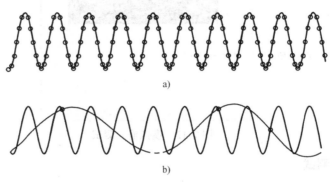

图7-14　不同采样频率的采用结果

a) 充分采样率时的信号　b) 过低采样率的采样结果

根据奈奎斯特定理，为了防止发生混频，最低采样频率必须是信号频率的两倍。对于某个给定的采样率，能够正确显示信号而不发生畸变的最大频率称为奈奎斯特频率，它是采样频率的一半。如果信号频率高于奈奎斯特频率，信号将在直流和奈奎斯特频率之间畸变。混频偏差（alias frequency）是输入信号的频率和最靠近的采样率整数倍的差的绝对值。如图7-15所示，显示了这种现象。假设采样频率 f_s 是100Hz，再假设输入信号还含有频率为25Hz、70Hz、160Hz和510Hz的成分，采样的结果会怎样呢？低于奈奎斯特频率（$f_s/2 = 50$Hz）的信号可以被正确采样，而频率高于奈奎斯特的信号采样时会发生畸变。例如，F_1（25Hz）显示正确，而在分别位于30Hz、40Hz和10Hz的 F_2、F_3 和 F_4 都发生了频率畸变。计算混频偏差时需要用到下面这个等式。

混频偏差 = ABS（采样频率的最近整数倍-输入频率），其中 ABS 表示"绝对值"，例如：

混频偏差 $F_2 = |100 - 70|$Hz $= 30$Hz

混频偏差 $F_3 = |2 * 100 - 160|$Hz $= 40$Hz

混频偏差 $F_4 = |5 * 100 - 510|$Hz $= 10$Hz

采样率应当设成多少？用户可能会首先考虑用 DAQ 板支持的最大频率。但是，长期使用很高的采样率可能会导致没有足够的内存或者硬盘存储数据。如图7-16所示，显示了采用不同的采样频率的效果。在图7-16a中，对一个频率为f的正弦波形进行采样，每秒采样数与每秒周期数相等，也就是一个周期采样一次，还原的波形出现了畸变，成了一个直流信号。如果把采样率增大到每个周期采样4次，如图7-16b所示，波形的频率提高了，频率畸变比原始信号要小（3 个周期）。图 7-16b 中的采样率是 7/4f。如果把采样率增加到 2f，那么转换后的波形具有正确的频率（与周期数相同），并可以还原成原始波形，如图 7-16c 所示。对于时域下的处理，可能需要用户提高采样率以接近于原始信号。通过把采样率提高到足够大，例如 $f_s = 10F$，或者每周期采样 10 次，就可以正确地复原波形，如图 7-16d 所示。

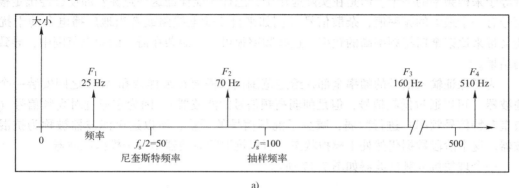

图 7-15 混频偏差

a）实际信号的频率组成 b）采样后信号的频率组成和混频偏差

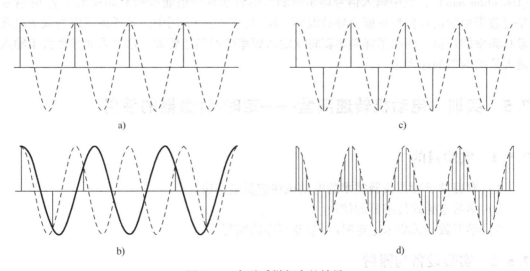

图 7-16 各种采样频率的效果

a）1 周期 b）2 周期 c）7 周期 d）10 周期

7.4.2 使用抗混频滤波器

采样率必须大于被采样信号的频率的两倍，换句话说，信号的最高稳定频率必须小于或者等于采样频率的一半。但是在实际应用中，怎样才能保证这一点呢？即使已经确定被测的信号有一个最大的频率值，杂散信号（例如来自于输电线路或者当地广播电台的干扰）可能会带来比奈奎斯特频率高的频率，这些频率很可能会混杂在需要的频率范围中，导致错误的结果。

为了保证输入信号的频率全部在给定范围内，需要在采样器和 ADC 之间安装一个低通滤波器（可以通过低频信号，但是削弱高频信号的滤波器）。因为它通过对高频信号（高于奈奎斯特信号频率）进行削弱，减少了混频信号的干扰，所以这个滤波器被称为抗混频滤波器。这个阶段数据仍然处于模拟状态，所以抗混频滤波器是一个模拟滤波器。

一个理想抗混频滤波器如图 7-17 所示。

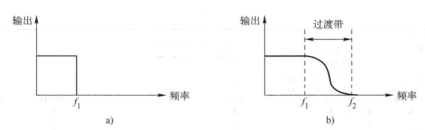

图 7-17 抗混频滤波器

a）理想的抗混叠滤波器 b）实际的抗混叠滤波器

它通过了所有需要的输入频率（低于 f_1），并过滤了所有不需要的频率（高于 f_1）。但是，这样的滤波器实际上并不可能实现。实际应用中的抗混频滤波器如图 7-17b 所示。它们通过所有低于 f_1 的频率，并过滤所有高于 f_2 的频率。f_1 和 f_2 之间的区域被称为过渡带（transition band），其中输入信号逐步减弱。尽管您只希望通过所有频率低于 f_1 的信号，但是过渡带中的信号仍然可能会导致混频。所以，在实际应用中，采样频率应当大于过渡带的最高频率的两倍。因而采样频率就将比输入频率的两倍还要大。这是采样频率大于输入频率最大值的两倍的原因之一。

7.5 实训 电动机转速测量——定时/计数器的使用

7.5.1 实验目的

1）掌握基于虚拟仪器技术的电动机转速测量方法。
2）学习电感式传感器的使用。
3）学习数据采集卡上定时/计数器程序的编写。

7.5.2 实验设备与器材

1）ELVIS 仪器。

2）电感式接近开关（TK‐SN5C）。

3）齿轮减速电容运转异步电动机。

7.5.3　实验内容及方法

1. 实验原理

进行电动机转速测量的虚拟仪器硬件组成如图 7-18 所示。

图 7-18　虚拟仪器硬件组成图

电感式接近开关属于一种有开关量输出的位置传感器，它由 LC 高频振荡器和放大处理电路组成，利用金属物体在接近这个能产生电磁场的振荡感应头时，使物体内部产生涡流，这个涡流反作用于接近开关，使开关振荡能力衰减，内部电路的参数发生变化，由此识别出有无金属物体接近，进而控制开关的通断。这里利用电动机转动轴上的突出键与接近开关靠近，使得电动机每旋转一周，接近开关的输出端就会有一次由高电平向低电平的转换。通过采集卡的定时/计数器通道计算出电动机的转动速度。

2. 硬件电路的搭接

这里利用 ELVIS 仪器的可调恒压源来为电感式接近开关提供电压，利用采集卡的计数器读取传感器输出端电压。首先调节 ELVIS 仪器上的恒压源，使其输出在 10V 左右。传感器接线图如图 7-19 所示。

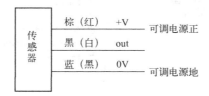

图 7-19　传感器接线图

3. 程序设计

按图 7-20 所示构建电动机测速程序前面板。

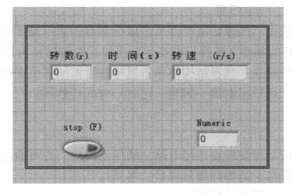

图 7-20　电动机测速程序前面板

按图 7-21 所示编写电动机测速程序的程序流程图。

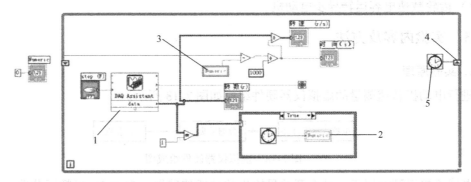

图 7-21　电动机测速程序流程图

1）其中采集子程序（DAQ 助手）是应用计数器的输入程序，其建立的方法步骤为：测量 I/O→DAQmx –数据采集→DAQ 助手。这里选择计数器的采集，如图 7-22 所示。

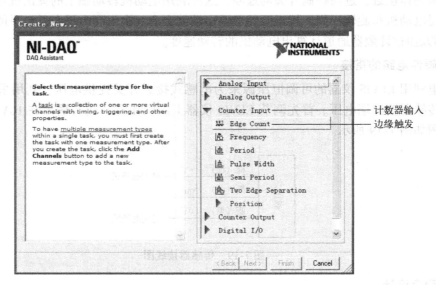

图 7-22　创建计数器任务

选择 Counter Input→Edge Count→Next，进入下一界面。

选择 ctr0→Finish，完成设置。

2）局部变量的建立：选择数值控件单击鼠标右键创建→局部变量。

3）在 2）建立好的基础上选择局部变量单击鼠标右键转换为读取。

4）移位寄存器的建立：选择结构体单击鼠标右键添加移位寄存器。

5）获取时间器：用鼠标右键→编程→定时→时间计数器。

7.5.4　注意事项

1）实验板通电前请仔细检查连接电路，确保无误后，方可通电调试。

2）测量前在计算机上选择好测量项目，将其打开。

3）仪器在不使用时及时关掉电源。

注意：测量时请勿触碰仪器的其他部分按钮，以免误操作损坏仪器。

7.6 本章小结

1）数据采集就是将电压、电流、温度和压力等物理信号转换为数字量并传递到计算机中的过程。

2）数据采集系统一般由数据采集硬件、硬件驱动程序和数据采集函数几部分组成。硬件驱动程序是应用软件对硬件的编程接口，它包含着特定硬件可以接受的操作命令，完成与硬件之间的数据传递。

3）数据采集设备要根据测试的条件与测试目的进行正确的设置才能正常工作。一个数据采集系统进行调试之前和运行中发生异常时，需要首先对数据采集设备进行测试，以排除硬件故障。

7.7 练习与思考

1）在程序前面板上创建一个数值型控制件，为它输入一个数值（−5~5），编写程序使得 0 通道输出这个数值的电压。

2）编写一个程序使它能够点亮实验台上的一个 LED 灯。

3）编写一个程序使实验台上的 8 个 LED 灯成为流水灯，分别点亮的间隔为 200ms。

第8章 数 学 分 析

☞ **要求**

了解初等与特殊数学函数子集中多个三角函数程序的使用，了解线性代数子集中求解线性方程函数的使用，了解曲线拟合函数的应用，了解积分与微分函数子集中求数值导数、定积分和不定积分的函数。

📖 **知识点**

- 三角函数程序
- 求解线性方程函数
- 曲线拟合

📢 **重点和难点**

- 求解线性方程
- 求数值导数、定积分和不定积分

8.1 数学分析概述

LabVIEW 具有强大的数学分析功能，如图 8-1 所示，包含数值、初等与特殊函数、线性代数、拟合、内插与外推、积分与微分、概率与统计、最优化、微分方程、几何、多项式和脚本与公式多个模块，几乎包括了数学上的各种运算。数学模块函数概述如表 8-1 所示。

图 8-1　数学模块

表 8-1　数学模块函数概述

子集名称	概述
数值	最基本的数学操作，例如加减乘除、类型转换和数据操作等
初等与特殊函数	一些常用的数学函数，例如正余弦函数、指数函数、双曲线函数、离散函数和贝塞尔函数等
线性代数	包含线性代数、矩阵操作的相关函数
拟合	曲线拟合和回归分析
内插与外推	一维和二维的插值函数，包括分段插值、多项式插值和傅里叶插值
积分与微分	积分和微分计算函数
概率与统计	概率统计的计算函数，包含均值计算、方差计算和相关系数等
最优化	构造寻求最佳解的计算方法，包含线性规划、非线性规划和全局优化等
微分方程	解常微分方程、偏微分方程
几何	坐标系、角计算等函数
多项式	多项式计算和分析函数
脚本与公式	脚本节点、公式节点以及公式解析的相关函数

8.2　初等与特殊数学函数

初等与特殊数学函数子集如图 8-2 所示，包含多个常用的数学函数，分别为三角函数、指数函数、双曲函数、门限函数、离散数学、贝塞尔函数、γ 函数、超几何函数、椭圆积分、指数积分、误差函数和椭圆与抛物线函数。

【例 8-1】　编写程序完成以下三角函数算式：

已知 $\tan\alpha = 2$，求 $Y = \sin^2\alpha + \cot\alpha - \cos\alpha$。

1）新建一个 VI，在前面板上放置一个数值显示控件，用来显示计算结果。

2）在流程图编辑窗口中，在函数模板选择数学→初等与特殊数学函数→三角函数中的反正切、正弦、余弦和余切函数。

3）放置加法函数、减法函数、平方函数和数值常量，然后连线。

4）运行程序。

程序前面板图和流程图分别如图 8-3 和图 8-4 所示。

图 8-2　初等与特殊函数

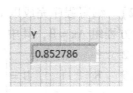

图 8-3　例 8-1 前面板

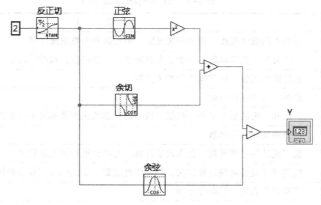

图 8-4　例 8-1 程序框图

8.3　线性代数

线性代数在现代工程和科学领域中有广泛的应用，因此 LabVIEW 也提供了强大的线性代数运算功能，线性代数函数子集如图 8-5 所示。

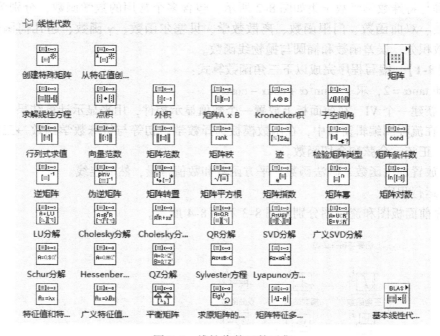

图 8-5　线性代数函数子集

【例 8-2】　编写程序完成以下线性代数式的计算：

解线性方程组 Ax = B，其中

$$A = \begin{bmatrix} -2 & 3 & 7 \\ 0.5 & 8 & 1 \\ 2 & 3.5 & 0.2 \end{bmatrix}, \quad B = \begin{bmatrix} -2 \\ 3 \\ 0.8 \end{bmatrix}, \text{求 x}。$$

1）新建一个 VI，在前面板上放置一个数值输入数组用来输入数值 B，一个数值显示数值用来显示计算结果 x 和一个实数矩阵控件用来输入矩阵 A。实数矩阵的创建方法：在控件模板选择新式→数组、矩阵与簇→实数矩阵。

2）在流程图编辑窗口中，调取函数模板中数学→线性代数→求解线性方程函数，然后连线。

3）运行程序。

程序前面板图和流程图分别如图 8-6 和图 8-7 所示。

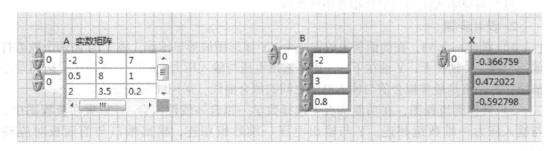

图 8-6　例 8-2 前面板

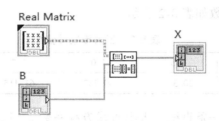

图 8-7　例 8-2 程序框图

8.4　曲线拟合

在工程应用中需要得到一条光滑的数据曲线，而实际上有时只能测得一些分散的数据点，因而需要利用这些不连续的数据点提取曲线参数或者系数来获得这组数据的表达式。通过曲线拟合可以用连续模型来表示离散的数据。

曲线拟合具有广泛的应用，例如：

- 消除测量噪声。
- 填充丢失的采样点。
- 在采样点之间时间差距可以忽略时，对采样点之间数据进行估计。
- 在实验后，对采样范围之外数据进行估计。
- 数据合成，在知道曲线若干个离散采样点时，找出曲线的范围。

曲线拟合就是找出一系列参数 a_0，a_1，$\cdots$，通过这些参数来模拟实验结果。

线性拟合 Linear Fit. vi，把离散数据拟合成一条直线 $y[i] = a_0 + a_1 x[i]$。

通用多项式拟合 General Polynomial Fit. vi 把离散数据拟合成多项式函数 $y[i] = a_0 + a_1 x[i] + a_2 x[i]^2 \ldots$。线性拟合是通用多项式拟合的一个特例。

【例8-3】 直线拟合仪。

1. 仪器功能

显示输入压力与输出压力之间的最佳拟合直线。

计算出最佳拟合直线的斜率 a_0、截距 a_1 和均方差。

显示对应输入压力与最佳拟合值的曲线。

2. 设计步骤

1）新建一个 VI，在前面板上放置一个 XY 波形图波形显示器，将 Y 与 X 两个数组打包成一个簇，X 轴在上，Y 轴在下。一组是输出电压与输入压力之间的关系曲线，采用空心点描绘；另一组是最佳拟合值与输入电压之间的拟合曲线，采用线条来描绘。

2）转换到流程图，在功能选板中选择数学→拟合→线性拟合. vi 放置在流程图中，X 与输入压力一维数组相连，Y 与输出电压一维数组相连，输出端口与前面板对应端口相连。

3. 程序运行

有一压力传感器，参数如表8-2所示。

表8-2 压力传感器参数

压力/MPa	0.0	0.5	1.0	1.5	2.0	2.5
电压值/mV	−0.490	20.317	40.737	61.415	82.180	103.023

把传感器参数拟合为一条直线，求出直线方程系数 a、b，使实验结果和拟合结果之间的误差均方差值 MSE 为最小。

程序流程图和前面板运行结果如图8-8和图8-9所示。

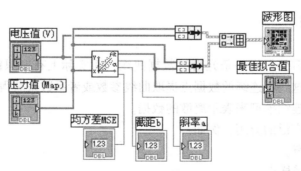

图8-8 线性拟合程序流程图

【例8-4】 多项式拟合仪。

1. 仪器功能

显示热电偶传感器输入温度值与输出热电势之间的拟合曲线。

计算出多项式拟合曲线的系数和均方差。

显示对应于输入温度值与拟合值后数据之间的曲线。

128

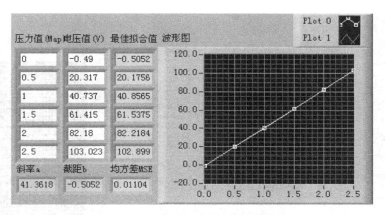

图 8-9　线性拟合前面板运行结果

2. 设计步骤

1）新建一个 VI，在前面板上放置一个 XY 波形图波形显示器，将 Y 与 X 两个数组打包成一个簇，X 轴在上，Y 轴在下。一组是输出热电势与输入温度之间的关系曲线，采用空心点描绘；另一组是最佳拟合值与输入温度之间的拟合曲线，采用线条来描绘。

2）转换到流程图，在功能选板中选择数学→拟合→广义多项式拟合 . vi 放置在流程图中，用于对输出热电势和输入温度进行多项式拟合。

3. 程序运行

有一热电偶传感器，参数如表 8-3 所示。

表 8-3　热电偶传感器参数

温度/℃	0.0	50	100	150	200	250	300	350
热电势/mV	0	3.35	6.96	10.69	14.66	18.76	22.90	27.15
温度/℃	400	50	500	550	600	650	700	750
热电势/mV	31.48	35.81	40.15	44.05	49.01	53.39	57.74	62.06

使用多项式拟合，求出多项式系数 a_0、a_1、a_2 以及拟合误差的残差（均方差）等，显示拟合曲线。

程序流程图和前面板运行结果如图 8-10 和图 8-11 所示。

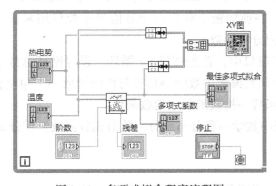

图 8-10　多项式拟合程序流程图

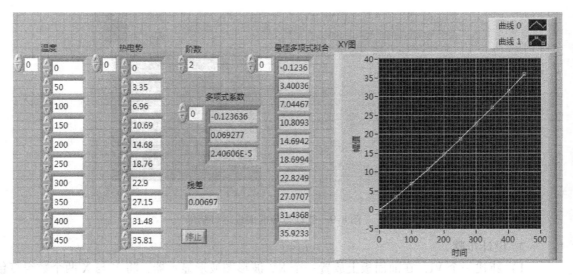

图 8-11 多项式拟合前面板运行结果

8.5 积分与微分

积分与微分函数子集包含帮助读者求数值导数、定积分和不定积分的函数，用法比较简单。

$\int_{t_0}^{t_f}$ 数值积分，用于一般的数值积分（定积分），可计算一维、二维和三维数组的数值积分。

$\int x(t)dt$ 积分 $x(t)$，用于计算函数的不定积分。

$\frac{dx(t)}{dt}$ 求导 $x(t)$，用于计算函数的导数。

【例 8-5】 设 $f(x) = e^{\sin x}$，求该函数在 $[0\quad \pi]$ 上的定积分、不定积分和导数。

1）新建一个 VI，在前面板上放置一个数值显示控件用来显示定积分值，3 个 XY 图，分别为原函数、不定积分和导数。

2）在流程图编辑窗口中，首先创建 for 循环，设置循环总数 1000，调取除法函数、乘法函数、π 函数。调取函数模板中数学→初等与特殊函数→三角函数→正弦函数和函数模板中数学→初等与特殊函数→指数函数→指数函数。

3）调取函数模板中数学→积分与微分→数值积分函数、积分 $x(t)$ 函数和求导 $x(t)$ 函数。然后连线。

4）运行程序。

程序前面板图和流程图分别如图 8-12 和图 8-13 所示。

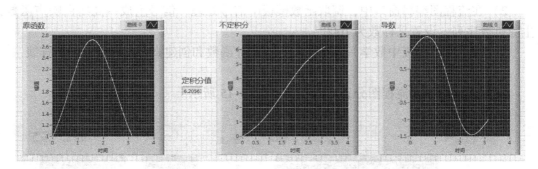

图 8-12 例 8-5 前面板

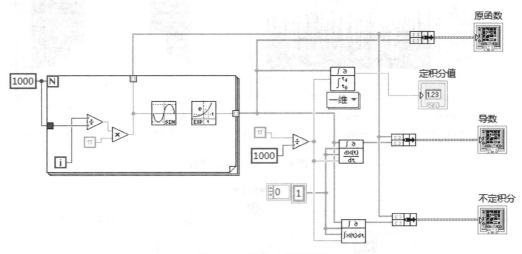

图 8-13 例 8-5 程序框图

8.6 概率与统计

概率论和数理统计是研究和揭示随机现象统计规律的一门数学学科。随机性的普遍存在使人们发展出了多种数学方法用于揭示其内部规律。随着计算机的出现，计算机高速、大批量处理数据的能力使大量的数据分析成为可能。LabVIEW 也提供了大量的概率与统计的函数。

 统计函数用来统计计算。输入一组数据，可计算出算术平均值、中值（排序后的中间值）、众数（出现次数最多的值）、累加值、标准差、均方根、峰度和偏度。

创建直方图函数用来将一组数据转化为直方图。

【例 8-6】 对满足高斯分布的随机数序列（1000 个数）进行统计分析，计算出这组数的算术平均值、中值、标准方差、均方根和直方图。

1）新建一个 VI，在前面板上放置 4 个数值显示控件分别用来显示算术平均值、中值、标准方差和均方根，1 个波形图表用来显示随机数序列，1 个波形图用来显示直方图。

2）在流程图编辑窗口中，调取函数模板中信号处理→信号生成→高斯白噪声函数，产生随机数序列，设置采样数为1000。

3）调取函数模板中数学→概率与统计→统计函数和创建直方图函数，然后连线。

4）运行程序。

程序前面板图和流程图分别如图8-14和图8-15所示。

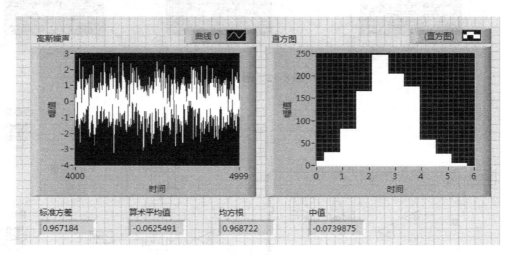

图 8-14　例 8-6 前面板

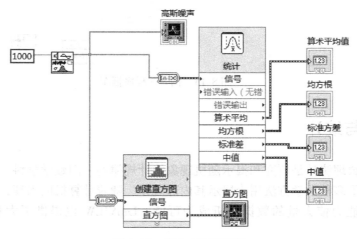

图 8-15　例 8-6 程序框图

8.7　实训　交通信号灯

8.7.1　实验目的

1）学习ELVIS仪器上数字二极管测试器的使用。

2）学习ELVIS仪器上两端电压、电流分析器的使用。

3）学习基于Lab VIEW的交通信号灯程序的编写。

8.7.2　实验设备与器材

1）计算机。

2）ELVIS 仪器。

3）发光二极管（两个红，两个黄，两个绿）。

4）6 个 220Ω 电阻。

8.7.3　实验内容及方法

1. 测试二极管确定其极性

半导体二极管是一种极性元件，通常其一端有带状标记注明是负极；另一端称为正极。尽管根据二极管的封装不同，有许多种方法标注极性，但是有一点始终不变，即在正极上加正电压，则二极管正向导通，电流能够流通。用户可以使用 NI ELVIS 找出二极管的极性。按照以下步骤使用 NI ELVIS 测试二极管判断极性。

1）启动 NI ELVIS 仪器启动界面，选择数字万用表 DMM。

2）单击二极管测量按钮。

3）将一个发光二极管的两端连接到工作站数字万用表 DMM（电流）的 HI 和 LO 引脚。当二极管阻止电流通过时，显示器显示的值与没有接入二极管时显示的值相同（即电路开路）。当二极管导通时，发光二极管发光并且显示器所显示的电压低于开路电压。试着在两个方向使电流通过红色发光二极管。如果观察到发光二极管发光，二极管连接到 LO（黑色香蕉接头）一端是二极管的负极。

2. 二极管的特性曲线

二极管的特性曲线是通过元件的电流与二极管两端电压的函数关系，它能够很好地展示二极管的电子特性。

完成以下步骤作出二极管的特性曲线。

1）将硅二极管接在数字万用表 DMM（电流）接头的两端（CURRENT HI/LO）。

2）启动 NI ELVIS 仪器启动界面，选择两端电流—电压分析器（Two-Wire Current-Voltage Analyzer）。从而打开一个新的软件前面板，如图 8-16 所示，可以显示被测元件的（I—V）曲线。软件前面板在二极管两端加入测试电压，从一个开始电压值以一定步长逐渐增加到终了电压值，其中的参数都可以选择设定。

3）对于硅二极管，设置如下参数。

开始电压：−2V。

终了电压：+2.0V。

递增步长：0.1。

4）设置两个方向的最大允许电流，确保二极管中通过的电流不会达到可能引起损坏的大小。

5）单击运行，观察 I—V 曲线。在反向截止方向，电流应该非常小（μA 级别），且为负值。在正向导通方向，用户应该观察到在一个临界电压值以上，电流以指数形式上升到最大电流上限。

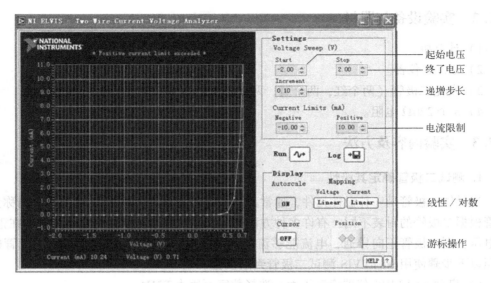

图 8-16　观察二极管 I—V 曲线

6）改变显示按钮"线性/对数"，观察不同比例轴下的图像。

7）试着使用游标操作。当沿着轨线拖动游标时，它会显示对应的（I，V）坐标。

临界电压与二极管的半导体材料有关。估计临界电压的一种方法是在正向导通区域最大电流值附近作一条切线。在切线的交点上，对应电压轴的值就是临界电压。

8）使用二端电流—电压分析器，确定红色、黄色和绿色发光二极管的临界电压，填写以下信息：

红色发光二极管_____ V。

黄色发光二极管_____ V。

绿色发光二极管_____ V。

3. 十字路口交通灯的软件仿真

1）前面板。

① 放置布尔灯数组。

② 放置 6 个布尔灯，表明方向和颜色，设置颜色亮时颜色光亮，灭时颜色暗淡，放置的 6 个灯的位置如表 8-4 所示。

③ 放置停止开关。

表 8-4　放置的 6 个灯的位置

索 引 号	灯 位 置
0	南北红
1	南北黄
2	南北绿
4	东西红
5	东西黄
6	东西绿

2）程序面板。

① 放置灯位置数值数组（一维）分别为：20、18、65、33。

② 放置 for 循环结构，循环次数 N = 4。

放置数值转换布尔数组函数，连接灯位置数值数组与布尔灯数组。

放置 6 个索引数组，索引号为 0、1、2、4、5、6 分别于对应灯相连。

③ 放置灯亮时间间隔数值数组（一维）分别为：25、5、25、5。

放置等待时间函数与灯亮时间间隔数值数组相连。

④ 放置 While 循环结构，连接停止开关。

3）运行调试。

前面板如图 8-17 所示，程序流程图如图 8-18 所示。

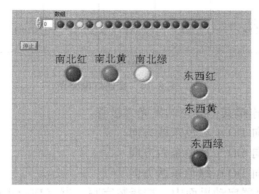

图 8-17　前面板

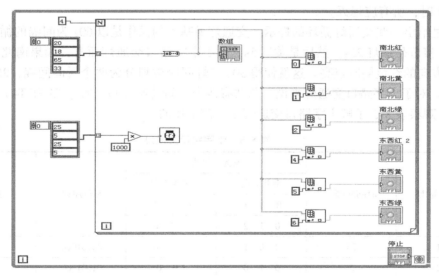

图 8-18　程序流程图

4. 十字路口交通灯的手动测试与控制

完成以下步骤构造、手动测试并控制十字路口交通灯的仿真。

1）按照十字路口交通灯的位置，在 NI ELVIS 原型板上分别放置两个红色、黄色和绿色发光二极管。每个发光二极管由 NI ELVIS 原型板上 8 位并行总线的一个二进制位控制。输出针脚插槽标记为 DO <0..7>。

2）将 DO 0 针脚插槽通过 220Ω 电阻连接至南北向（上下方向）红色发光二极管的正极。

3）将发光二极管的另一端连接至 220Ω 电阻的一端。说明：电阻用于限制发光二极管中通过的电流。

4）将 220Ω 电阻的另一端连接至地。图 8-19 显示了整个电路。

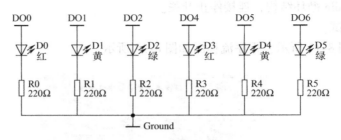

图 8-19　交通灯电路图

5）用同样的方式连接其他颜色的发光二极管。

DO 0 红色南北方向　DO 4 红色东西方向

DO 1 黄色南北方向　DO 5 黄色东西方向

DO 2 绿色南北方向　DO 6 绿色东西方向

6）在 NI ELVIS 仪器启动界面中，选择数字写入器（Digital Bus Writer）。

7）所有开关（位 0—2 和 4—6）为 HI 时，所有发光二极管应该被点亮。当所有这些开关为 LO 时，所有应熄灭。

这里给出一些交通灯循环的提示。交通灯最基本的操作是以 60s 为间隔的循环，其中红灯 30s，接着是绿灯 25s，然后是黄灯 5s。对于十字路口交通灯而言，如果南北方向的黄灯和东西方向的红色同时点亮。这就使得 30s 红灯间隔被划分为两个时间间隔，25s 间隔加上 5s 间隔。对于十字路口交通灯来说，总共有四个时间周期（T1、T2、T3 和 T4）。

8）观察表 8-5 了解十字路口交通灯是如何工作的。

表 8-5　十字路口交通灯

时间周期	时间间隔/s	发光二极管						8 位序列	数　值
		南北方向			东西方向				
		R	Y	G	R	Y	G		
		0	1	2	4	5	6		
T1	25	0	0	1	1	0	0	00101000	20
T2	5	0	1	0	1	0	0	01001000	18
T3	25	1	0	0	0	0	1	10000010	65
T4	5	1	0	0	0	1	0	10000100	33

9）使用数字写入器确定在这 4 个时间间隔中，应该向数字端口写入怎样的 8 位序列，从而控制交通灯。

例如：T1 需要的序列为 00101000。计算机以相反的次序读入比特序列（最低位在右侧）。上述序列应变为 00010100。在表 8-5 中，可以看到开关序列二进制补码为 00010100，十进制为 20，或十六进制为 14。

10）确定其他时间间隔 T2、T3 和 T4 所需要的数值序列。现在，如果将每个时间间隔所需的 8 位序列依次输出，就可以手动操作交通灯。重复这 4 个循环序列就可以自动化交通灯运行。软件程序前、后面板如图 8-20 所示。

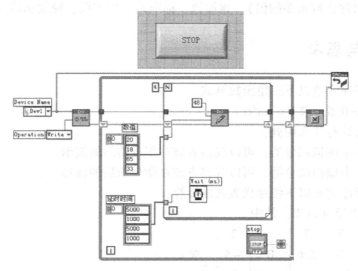

图 8-20　交通灯软件程序前、后面板图

程序作用是重置设备，建立的步骤是：

用鼠标右键单击→测量 I/O→DAQmx -数据采集→DAQmx 设备配置→DAQmx 重置设备。

程序的作用是限制循环在规定的时间内完成，时间是用毫秒计算的。建立的步骤是：用鼠标右键单击→编程→定时→等待（ms）。

8.7.4　注意事项

1）实验板通电前请仔细检查连接电路，确保无误后，方可通电调试。

2）测量前在计算机上选择好测量项目，将其打开。

3）仪器在不使用时及时关掉电源。

注意：测量时请勿触碰仪器的其他部分按钮，以免误操作损坏仪器。

8.8　本章小结

1）LabVIEW 具有强大的数学分析功能，包含数值、初等与特殊函数、线性代数、拟合、内插与外推、积分与微分、概率与统计、最优化、微分方程、几何、多项式和脚本与公式多个模块，几乎囊括了数学上的各种运算。

2）初等与特殊数学函数子集包含多个常用的数学函数，分别为三角函数、指数函数、双曲函数、门限函数、离散数学、贝塞尔函数、γ 函数、超几何函数、椭圆积分、指数积分、误差函数和椭圆与抛物线函数。

　　3）曲线拟合是根据给定的输入变量序列和输出变量序列来计算出相应的参数和确定曲线方程。

　　4）积分与微分函数子集包含帮助用户求数值导数、定积分和不定积分的函数。

　　5）统计函数用作统计计算。输入一组数据可计算出算术平均值、中值（排序后的中间值）、众数（出现次数最多的值）、累加值、标准差、均方根、峰度和偏度。

8.9　练习与思考

　　1）编写程序完成以下三角函数算式：

已知 $\sin\alpha = 0.6$，求 $Y = \tan^2\alpha + \cot\alpha - \cos\alpha$。

　　2）曲拟合线有什么用处?

　　3）设计一个虚拟积分器，可以观察方波在积分前后的波形。

　　4）设计一个虚拟微分器，可以观察方波在微分前后的波形。

　　5）编写程序完成以下线性代数式的计算：

解线性方程组 Ax = B，其中

$$A = \begin{bmatrix} 4.5 & 3 & 7 \\ 0.5 & 6 & 5.6 \\ 2 & 3.5 & 1 \end{bmatrix}, B = \begin{bmatrix} 2 \\ -5 \\ 5 \end{bmatrix}, 求 x。$$

第9章　信号分析与处理

☞ **要求**

掌握模拟频率与采样频率之间的关系，使用信号函数发生器产生数字信号，掌握基本平均直流—均方根函数的应用，掌握 FFT 函数的应用。

📖 **知识点**

- 数字信号概述
- 数字信号的产生
- 虚拟仪器设计

📢 **重点和难点**

- 信号发生器设计
- 波形测量器设计
- 滤波器设计

9.1　数字信号概述

数字信号具有高保真、低噪声和便于信号处理等优点，因此得到广泛应用。但是，用传感器采集到的各种原始信号基本都是模拟信号，而计算机只能处理数字信号，所以用计算机对模拟信号处理前都要将模拟信号转换为数字信号，计算机分析处理后再转换为模拟信号输出。

目前，对于实时分析系统，高速浮点运算和数字信号处理已经变得越来越重要。这些系统被广泛应用到生物医学数据处理、语音识别、数字音频和图像处理等各个领域。例如，从信号采集到的数据由于存在干扰而无法应用，如图9-1所示。经过数据分析和信号处理后的数字信号可以从噪声中分离出有用信息，如图9-2所示。

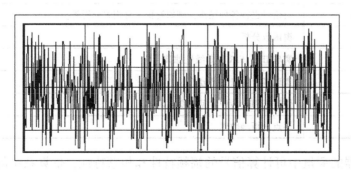

图 9-1　混有噪声信号

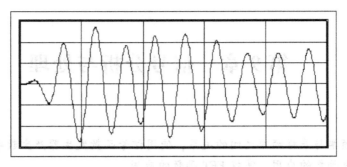

图 9-2　滤除噪声信号

LabVIEW 软件具有强大的信号处理功能，包含多种信号处理函数，如图 9-3 所示，各函数子集的功能如表 9-1 所示。

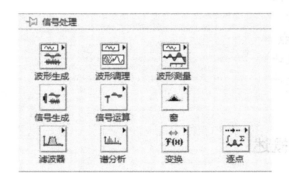

图 9-3　信号处理模板

表 9-1　信号处理模板子集功能描述

子 集 名 称	功 能 描 述
波形生成	产生各种不同类型的波形信号
波形调理	用于波形信号的数字滤波和窗函数等信号调理
波形测量	波形信号测量面板，用来实现常见的时域和频域的测量
信号生成	按照具体的波形模式产生一维实数数组表示的信号
信号运算	对信号进行各种操作，例如卷积、自相关分析等
窗	窗函数分析
滤波器	实现 IIR、FIR 和非线性滤波
谱分析	实现基于数组的谱分析
变换	信号处理中各种常见的变化函数
逐点	逐点分析函数库

在虚拟仪器的测量中可计算信号的幅频特性和相频特性；估算系统的动态响应参数，如上升时间、超调量等；确定系统的脉冲响应和传递函数；估算系统中的交流分量和直流分量；计算信号中存在的谐波分量。

9.2 数字信号处理函数实例

LabVIEW 提供了大量的信号分析与处理函数，使得分析软件的开发变得更加简单。用户不用再关心分析步骤的具体细节，可以把精力集中在解决信号处理与分析方面。这里通过例子介绍几个数字信号处理函数，以便了解它们的应用。

9.2.1 虚拟信号发生器

1. 仪器功能

虚拟信号发生器可产生正弦波和方波信号，指标如下。

频率范围：1Hz ~ 10kHz

幅度值：0.1 ~ 5V

初始相位：0 ~ 180°

采样点数：N = 100 ~ 1024

2. 设计步骤

程序前面板图和流程图分别如图 9-4 和图 9-5 所示。

1）新建一个 VI，在前面板上放置一个波形图表波形显示器，设置标签"虚拟信号发生器"。

2）在前面板放置 4 个外形各异的数字输入控件，标签设置为：频率、速度、幅度和偏移量。调出方法为：选择控件选板→新式→数值→仪表、转盘、量表和温度计。

3）在前面板放置两个外形各异的布尔开关，标签设置为：正弦波、停止。给标签为正弦波的布尔开关添加文字注释，方法是选择工具选板中的编辑文本工具，直接在控件下部用键盘键入。

4）在流程图编辑窗口中，放置一个 While 循环，将条件端口设置为真时停止，与停止按钮相连。

5）在 While 循环中放置一个条件结构，将分支选择器与正弦波开关相连。

6）在条件结构的真和假分支分别放置正弦波形 . vi 函数和方波波形 . vi 函数，调出路径为函数选板→信号处理→波形生成→正弦波形函数和方波波形函数。对应将频率、幅度、偏移量和波形图表与正弦波形、方波波形函数的输入输出端口相连。

7）在定时子模板中选择等待下一个整数倍毫秒函数，与速度控件相连，用来控制程序每次循环执行的时间。

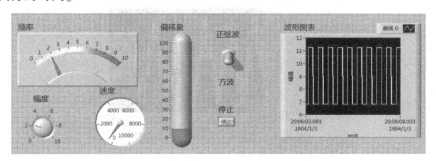

图 9-4　虚拟信号发生器前面板

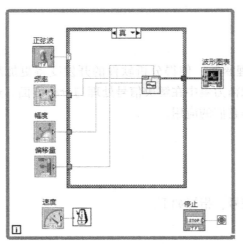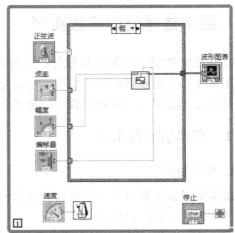

图 9-5　虚拟信号发生器流程图

9.2.2　波形测量器

波形测量器是对波形的各种信息进行测量，可包含直流交流分析、振幅测量、脉冲测量、傅里叶变换、功能谱测量、谐波畸变分析、过度分析和频率响应等。

1. 仪器功能

波形测量器可测量波形信号的直流分量和有效值。

2. 设计步骤

程序前面板图和流程图分别如图 9-6 和图 9-7 所示。

1）新建一个 VI，在前面板上放置一个波形图控件、3 个数值输入控件和两个数值显示控件，分别编辑标签。

2）在流程图编辑窗口中，首先在函数模板上选择信号处理→波形生成→正弦波形函数和均匀白噪声波形函数；然后在函数模板上选择信号处理→波形测量→基本平均直流-均方根函数。

3）放置加法函数、簇常量和数值常量，然后连线。

4）运行程序。

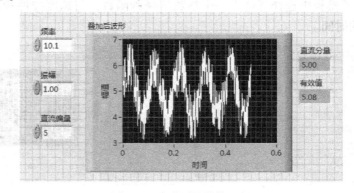

图 9-6　波形测量器前面板

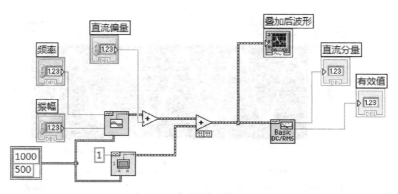

图 9-7　波形测量器流程图

9.2.3　数字滤波器

数字滤波器是具有一定传输选择特性的线性时不变离散数字信号处理系统，它的输入、输出信号均为数字信号，利用离散系统特性改变输入数字信号波形或频谱，使有用信号频率分量通过，抑制无用信号频率分量输出。

LabVIEW 提供的滤波器使得用户很容易对数据进行滤波处理，用户只需进行滤波器类型、阶次、截止频率和采样频率等参数的设置。

1. 滤波器功能

使用 Butterworth 滤波器 .vi 函数从一个混有白噪声的正弦信号中提出正弦信号。

2. 设计步骤

1）新建一个 VI，在前面板上放置两个波形图表波形显示器，设置标签分别为原始信号、滤波后信号。

2）在流程图编辑窗口中，放置函数选板→信号处理→信号生成→正弦信号函数和均匀白噪声函数，设置采样点数为1000，正弦波幅度、周期均为5。

3）在流程图编辑窗口中，放置两个函数选板→信号处理→滤波器→Butterworth 滤波器 .vi 函数。分别在滤波器类型端口处单击鼠标右键，选择下拉菜单中的创建→常量，建立滤波器类型复选框，一个选 Highpass（高通滤波器），一个选 Lowpass（低通滤波器），设置阶数均为5。

4）完成连线，运行程序。

程序流程图和前面板如图 9-8 和图 9-9 所示。

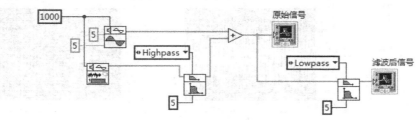

图 9-8　提取正弦信号流程图

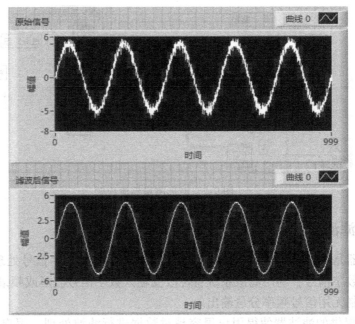

图 9-9　提取正弦信号前面板

9.2.4　信号分析器

信号分析器是可以对数字信号进行时域或频域分析处理的系统，时域分析包括交直流成分检测、卷积、逆卷积、相关分析、微分、积分、尖峰捕获、门限检测和过渡分析等；频域分析包括傅里叶变换、希尔波特变换、小波变换、拉普拉斯变换、功率谱分析以及联合时域分析等。

1. 仪器功能

实现信号的傅里叶变换分析。

2. 设计步骤

程序前面板图和流程图分别如图 9-10 和图 9-11 所示。

1）新建一个 VI，在前面板上放置两个波形图控件和 6 个数值输入控件，分别编辑标签。

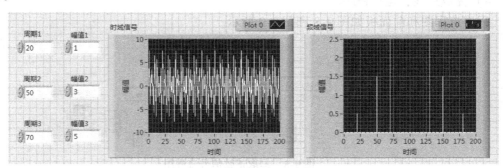

图 9-10　傅里叶变换前面板

2）在流程图编辑窗口中，首先在函数模板上选择信号处理→信号生成→正弦信号函数；然后在函数模板上选择信号处理→变换→FFT 函数；最后在函数模板上选择编程→数值→复数→复数至极坐标转换函数。

3）放置复合运算函数、数组大小函数和除法函数，然后连线。

4）前面板填入数据，运行程序，运行结果如图 9-10 所示。

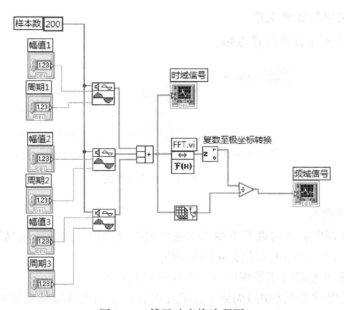

图 9-11　傅里叶变换流程图

9.3　实训　数字温度计

9.3.1　实验目的

1）学习 ELVIS 仪器上数字万用表模块程序的使用。

2）学习基于 LabVIEW 的数字温度计程序的编写。

9.3.2　实验设备与器材

1）计算机。

2）ELVIS 仪器。

3）10kΩ 热敏电阻。

4）10kΩ 电阻。

9.3.3　实验内容及方法

1. 测量热敏电阻的阻值

完成以下步骤观察热敏电阻的阻值变化：

1）启动 NI ELVIS，选择数字万用表，单击电阻测量按钮。

2）将 DMM 的 + 与 − 探头分别连接到 10kΩ 电阻和热敏电阻两端，测量其阻值。

3）用手指捏住热敏电阻使它升温，观察电阻值的变化。

实际上，电阻值随着温度升高而变小（负温度系数）是热敏电阻的重要特性之一。热敏电阻是用半导体材料生产的，其电阻值与环境温度成指数函数关系，具有非线性响应曲线。

2. 构造热敏电阻测温电路

按照图 9-12 所示连接硬件电路。

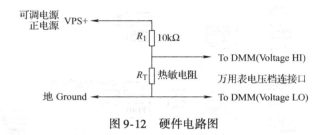

图 9-12　硬件电路图

3. 软件程序编写

数字温度计程序启动可调节电源为热敏电阻电路供电，然后读取热敏电阻两端的电压并转换成温度。因此，程序编写包含 4 部分内容。

（1）测量热敏电阻电压子程序（采集电压值程序）

这个程序主要功能是利用 DMM（数字万用表）子模块读取到热敏电阻上的分压。

注意：采集电压值子程序的图标与接口板的编写，图标为 ▨ 。

接口板与电压输入值相对应，图标为 ■ 。

这里在编写流程图时用到 DMM（数字万用表）子模块程序，包含初始化函数、测量设置函数、测量值读取函数和关闭函数。首先利用初始化函数找到采集卡对应的通道，然后设置读取直流电压值，读取的范围为 − 10 ~ + 10V，接着读取输出的值，从中找到电压值，最后关闭万用表通道。前面板如图 9-13 所示，程序流程图如图 9-14 所示。

图 9-13　采集电压值程序前面板

对应函数调出的步骤为：用鼠标右键单击→Input→Instrument Drivers→NI ELVIS→low level NI ELVIS Vis→Digital Multimeter。

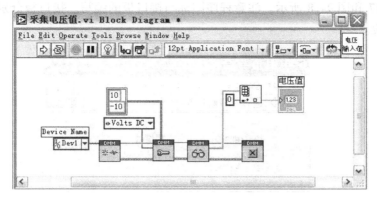

图 9-14　采集电压值程序流程图

（2）电压值与电阻值转换子程序

这个程序的主要功能是通过计算得到当前热敏电阻的阻值，前后面板程序如图 9-15 和图 9-16 所示。注意子程序图标与接口板的编写。接口板分别与测量电压值和热敏电阻值相对应。

图 9-15　电压值与电阻值转换子程序前面板图

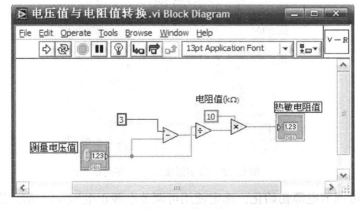

图 9-16　电压值与电阻值转换子程序流程图

（3）电阻值与温度值转换子程序

这个程序的主要功能是通过热敏电阻的阻值与其温度值对应关系计算出当前的温度值，

程序如图 9-17 和图 9-18 所示。注意程序图标与接口板的编写。接口板分别与热敏电阻值和温度值相对应。

图 9-17　电阻值与温度值转换子程序前面板图

图 9-18　电阻值与温度值转换子程序流程图

（4）数字温度计主程序

数字温度计程序启动可调节电源为热敏电阻电路供电，然后读取热敏电阻两端的电压并转换成温度。程序编写如图 9-19 和图 9-20 所示。

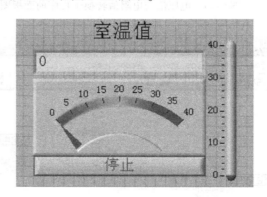

图 9-19　数字温度计主程序前面板

NI ELVIS 可调节电源初始化，选定使用可调节电源正电压 + ，然后用 NI ELVIS 更新 VI 设定电源电平，这里设置可调节电源输出为 +3V。在 While 循环中，测量、标定、校准和显示依次进行。采集测量值.vi 测量热敏电阻电压。电压值与电阻值转换.vi 将测得的电压转换为电阻值。电阻值与温度值转换.vi，使用已知的校准方程将热敏电阻值转换为温度。最

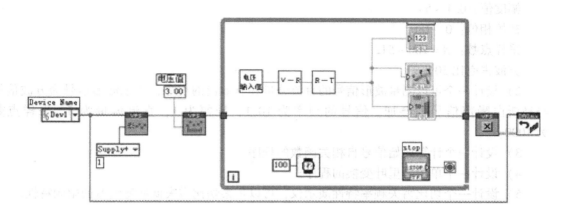

图 9-20　数字温度计主程序流程图

后，温度以多种格式显示在 LabVIEW 前面板中。等待函数的间隔为 100ms，确保电压每 0.1s 采样一次。当按下前面板的停止按钮时，数字温度计停止运行。循环停止时，关闭电源参考，可调节电源输出被设置为 0。

9.3.4　注意事项

1）实验板通电前请仔细检查连接电路，确保无误后，方可通电调试。
2）测量前在计算机上选择好测量项目，将其打开。
3）仪器在不使用时及时关掉电源。

注意：测量时请勿触碰仪器的其他部分按钮，以免误操作损坏仪器。

9.4　本章小结

1）LabVIEW 软件中的数字信号处理函数子模板包含信号产生、时域分析、频域分析、数字滤波器和窗函数等多种信号处理函数。
2）波形测量子集包含各种测量波形信息的函数，有直流交流分析、振幅测量、脉冲测量、傅里叶变换、功能谱测量、谐波畸变分析、过度分析和频率响应等。
3）数字滤波器利用离散系统特性使有用信号频率分量通过，抑制无用信号频率分量输出。
4）时域分析包括直流成分检测、卷积、相关分析、微分、积分、尖峰捕获等；频域分析包括傅里叶变换、小波变换、拉普拉斯变换、功率谱分析等。

9.5　练习与思考

1）设计一个虚拟信号发生器，能够产生正弦波、方波、锯齿波和三角波，要求参数如下。
频率范围：0.1Hz ~ 10kHz

幅度值：0.1~5V

初始相位：0~180°

采样点数：N=100~512

方波占空比50%。

2）设计一个可以测量波形信号的直流分量和有效值的程序，要求波形信号为方波信号与高斯白噪声信号的叠加，信号的频率为10.1，振幅为1，直流偏量为5，采样点数为1000。

3）设计一个计算原始信号自相关函数的程序。

4）设计一个单边傅里叶变换的程序。

5）设计一个切比雪夫频率特性演示仪，可以观察切比雪夫低通滤波器的幅频特性。

第10章 对话框与用户界面

☞ **要求**

了解 VI 属性设置、对话框、错误处理和运行时菜单个性化设置的用法。

📖 **知识点**

- VI 属性
- 对话框
- 错误处理
- 个性化菜单

📢 **重点和难点**

- VI 属性的个性化设置
- 运行菜单的个性化定制

有些软件一打开就让人眼前一亮，可能是它的界面设计得非常新颖、华丽。但漂亮视觉感只能是作为锦上添花，评判一个界面好坏的最基本指标首先还是要看这个界面是否完成了它的交互功能，即用户可以通过界面为程序提供必要的信息，用户可以通过界面接收到需要的信息。其次的指标是通过这个界面用户是否可以简单、直观的输入或获取信息，最后才是界面的美观程度。

从这个角度说，一个好的界面通常是不会引起用户注意的界面。多数时候，引起用户对界面的注意是因为觉得别扭：找不到所需的信息或输入信息的地方。

LabVIEW 很重要的一个优势就是界面编辑的所见即所得。LabVIEW 前面板包含了大量形象、逼真的控件，用户还可以创建自定义控件。前面板的窗口形式也可以不同的方式显示以满足不同的需求。在用户交互方面，用户可以通过按钮、播放声音、对话框、菜单和键盘输入等多种方式与程序进行交互。

10.1 VI 属性设置

VI 有很多属性是可以设置的，这其中包括：VI 图标、VI 修改历史、VI 帮助文档、密码保护、前面板显示内容、窗口大小、执行控制和打印属性等。通过配置这些属性可以让用户的 VI 适合在不同的场合运行。

选择菜单文件→VI 属性或在 VI 图标处单击鼠标右键打开下拉列表选择 VI 属性，打开图 10-1 所示的对话框。默认为常规选项，在该选项下可以编辑 VI 图标，查看 VI 修改历史等。

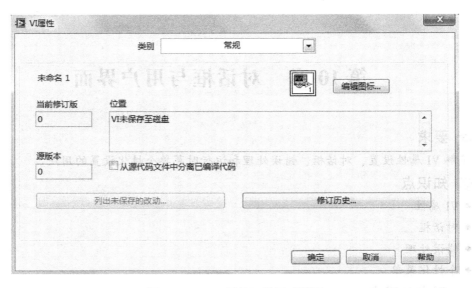

图 10-1　"VI 属性"设置对话框

10.1.1　VI 属性介绍

1. 常规属性

常规属性设置页包含以下几部分。

- 编辑图标：弹出 VI 程序图标编辑窗口。
- 位置：显示程序保存的当前路径。
- 列出未保存的改动：列出自上次保存程序至今的程序改动记录。
- 修订历史：显示当前程序的所有注释和标识。

2. 内存使用

内存使用属性页主要显示当前程序使用系统内存以及占用磁盘容量的大小，它不包含程序当中所用到的子 VI。在程序编辑和运行时，VI 对内存的使用情况变化特别大，特别是流程图占用较大的内存，因此用户可以在不用时及时保存并且关闭流程图。

3. 说明信息

用户可以在这个属性页对程序 VI 进行描述，将程序链接到 HTML 文档或者帮助文档，主要包括以下几个内容。

- VI 说明：在这里输入 VI 描述信息，以后当鼠标在程序图标上移动时，在即时帮助对话框中会出现描述信息。
- 帮助标识符：包含 HTML 文档的路径和需要链接的帮助文档的关键词。
- 帮助路径：包含上、下文菜单窗口链接的路径。
- 浏览按钮：在搜索文件对话框中选择一个需要链接的文件。

4. 修订历史

用户可以在这里设置当前 VI 的修改历史选项，主要包含以下几个选项。

- 使用选项对话框中的默认历史设置：使用系统默认的设置，取消它可以进行自定义。
- 每次保存 VI 时添加注释：选择此项将在用户改变程序或保存时，自动在历史窗口中产生记录信息。
- 关闭 VI 时提示输入注释：在程序关闭时给出提示，记录自上次程序打开时所有的改变。
- 保存 VI 时提示输入注释：在程序保存时给出提示。
- 记录由 LabVIEW 生成的注释：当程序被改动后，自动在历史窗口里添加记录信息。
- 查看当前修订历史按钮：显示当前程序的历史记录。

5. 保护

用户可以在这里设置程序的安全性。包括如下几项。

- 未锁定（无密码）：允许任何用户查看和编辑程序的前面板和流程图。
- 已锁定（无密码）：用户必须开启程序后才能编辑程序。
- 密码保护：对程序进行密码保护，用户只有在输入正确的密码之后才可以对程序进行编辑。
- 更改密码按钮：更改程序的密码。

6. 窗口外观

窗口外观属性用来设定程序运行时的窗口界面。包括如下几项。

- 窗口标题：VI 窗口标题，取消"与 VI 名称相同"选项可以编辑窗口标题，否则使用程序名称作为窗口的标题。
- 顶层应用程序窗口：窗口具有标题条和菜单条，允许用户关闭窗口，可以最小化窗口但是不能改变窗口的大小。
- 对话框：运行时，程序以 Windows 对话框的形式显示，用户不可以打开其他的 LabVIEW 窗口。
- 默认：系统默认的工作环境。
- 自定义：用户可自定义窗口外观属性，选中自定义按钮后打开图 10-2 所示的"窗口外观设置"对话框。

7. 窗口大小

该属性用来设置程序运行时窗口的大小，包括如下几项。

- 前面板最小尺寸：设置前面板最小尺寸，如果用户设置了能够改变前面板的大小，则前面板的尺寸不可以小于所设置的最小尺寸，包括宽度和高度。
- 设置为当前前面板大小按钮：以当前面板的大小设置最小宽度和最小高度。
- 使用不同分辨率显示器时保持窗口比例：选择此项后，程序将在不同显示器分辨率下进行等比例放大。
- 调整窗口大小时缩放前面板上的所有对象：前面板上的所有控件对象随着面板的大小变化而进行同等比例的变化。

8. 窗口运行时的位置

该属性用来设置程序运行时窗口界面在显示器屏幕上的位置，可使位置不改变、居中、最大化或最小化。

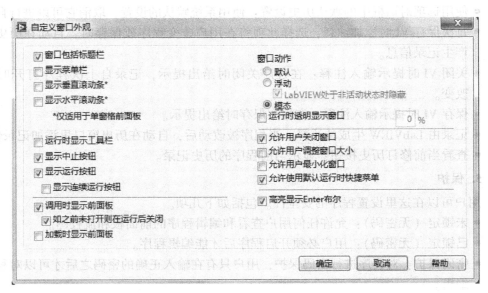

图 10-2 "窗口外观设置"对话框

9. 执行

该属性主要用来设置程序运行时的一些特性，包括如下几项。

- 优先级：设定程序在 LabVIEW 执行机制中的优先权，可以在应用程序中把重要的程序的优先权设置高于其他的程序。
- 允许调试：允许用户调试程序。
- 重入执行：允许程序在两个或两个以上的系统环境下同时运行。
- 首选执行系统：设置优先执行系统。LabVIEW 编程环境支持多线程执行机制。
- 启用自动错误处理：程序运行时启用自动错误处理系统。
- 打开时运行：设定当程序打开时即可运行。
- 调用时清空显示控件：不论当前显示器的数值是多少，当程序运行时，显示的数值都复位到初始默认值。
- 运行时自动处理菜单：选中此项可以在程序运行时自动操作菜单。

10. 打印选项

用户可以在这里对打印属性进行设置，包括如下几项。

- 打印页眉（名称、日期和页码）：打印头信息，包括文件名、日期和页码等。
- 用边框包围前面板：在前面板的四周加上一个边框。
- 缩放要打印的前面板以匹配页面：根据打印纸的大小自动调整前面板的大小。
- 缩放要打印的程序框图以匹配页面：根据打印纸的大小自动调整程序框图的大小。
- 执行时打印：在程序运行结束时自动打印前面板。

10.1.2 VI 属性设置应用举例

【例 10-1】 利用 VI 的属性设置，编写一个具有如下行为的 VI：

1）VI 一打开时便开始自动运行。

2）运行时，前面板自动显示在屏幕中央。

3）添加密码保护，需要密码才能查看程序框图。

4）添加 VI 帮助文档。

5）运行时使滚动条、菜单、工具栏不可见。

6）运行时不允许直接关闭窗口。

首先编写一个随机数发生器程序，程序如图 10-3 所示，然后设置它的 VI 属性。选择菜单文件→VI 属性或在 VI 图标处用鼠标右键打开下拉列表，选择 VI 属性，打开"VI 属性"对话框。

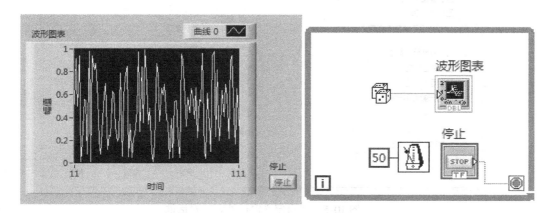

图 10-3　随机数发生器程序前面板和流程图

设置执行属性，勾选"打开时运行"；设置窗口运行时的位置属性，位置选"居中"，设置保护属性，勾选"密码保护"，出现图 10-4 所示的"输入密码"对话框，输入密码，单击"确定"按钮。

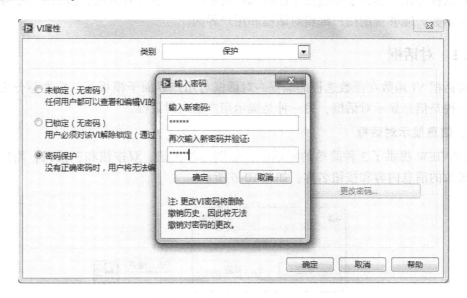

图 10-4　"输入密码"对话框

设置说明信息属性，在"VI 说明"框中输入：随机数信号发生器。设置窗口外观属性，勾选"自定义"，按下自定义按钮，打开图 10-5 所示的对话框，去掉"显示菜单栏""显示垂直滚动条""显示水平滚动条""运行时显示工具栏"和"允许用户关闭窗口"选项。

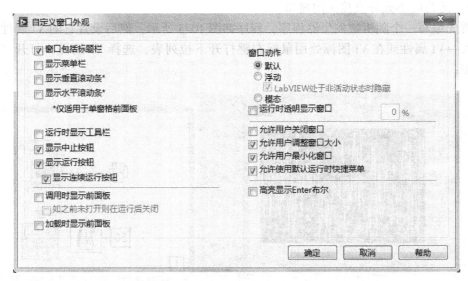

图 10-5　"自定义窗口外观"对话框

10.2　对话框与用户界面

对话框与用户界面子模板位于函数选板的编程下，包含对话框、错误处理、菜单和鼠标指针等函数，能够帮助用户编辑对话框和用户界面。

10.2.1　对话框

对话框 VI 函数在函数选板的编程→对话框与用户界面子模板下。按类型分为两种对话框：一种是信息显示对话框，另一种是提示用户输入对话框。

1. 信息显示对话框

LabVIEW 提供了 3 种简单的对话框，分别为单按钮、双按钮和三按钮，用户只需要编辑该函数的消息内容和按钮名称，如图 10-6 所示。

图 10-6　"信息显示"对话框

2. 用户自定义对话框

除了 LabVIEW 提供的简单对话框，用户还能通过设置子 VI 的调用方式实现用户自定义的对话框。具体的做法就是将子 VI 的 VI 属性设置中的窗口外观属性改为自定义，然后勾选上"调用时显示前面板"和"如之前未打开则在运行后关闭"两选项，如图 10-7 所示。

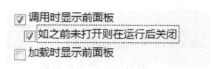

图 10-7　设置子 VI 的调用方式

10.2.2　错误处理

LabVIEW 通过错误输入和错误输出来携带错误信息，并可以将错误信息从底层 VI 传递到上层 VI，如图 10-8 所示。

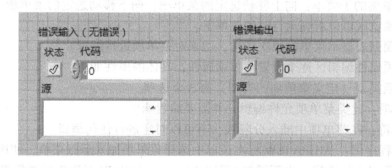

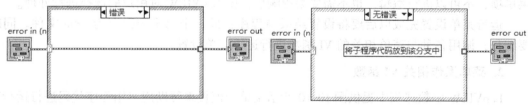

图 10-8　错误输入、错误输出的使用

在调用含有错误输出的子 VI 时，当错误发生时若错误输出端悬空，就会自动弹出错误对话框显示错误信息，并询问是否继续运行。错误对话框除了显示错误输出中的代码，错误源信息外，还会显示错误的可能原因，这对分析问题非常重要。

10.2.3　菜单

1. 菜单编辑器

在主菜单中选择编辑→运行时菜单…会弹出图 10-9 所示的菜单编辑器。该编辑器可以帮助用户编辑程序运行时显示的菜单，刚打开菜单编辑器时，菜单类型下拉列表中显示默认选项，表示使用 LabVIEW 标准菜单，编辑器中各项功能都不可用。

菜单条
工具条

菜单类型
菜单项

条目属性

图 10-9　菜单编辑器

菜单条中的文件和帮助选项是简化的 LabVIEW 标准菜单项，编辑项包含编辑菜单的一些命令。

工具条的 6 个按钮用来在菜单项列表中编辑菜单项，它们依次为：在选定的菜单项后插入新的菜单项；删除选定的菜单项；使选定的菜单项成为上一级菜单项；使选定的菜单项变成上一个菜单项的子菜单；向上移动选定的菜单项；向下移动选定的菜单项。

- 菜单预览区可以看到运行时的菜单条。
- 菜单项列表显示菜单的层次结构，用来对菜单项进行编辑。
- 菜单项属性编辑区逐个设置菜单项属性，具体的属性如下。
- 菜单项类型（定义菜单项的类型）有 3 个选项。

a. 用户项：此类菜单项允许编辑，并需要编程响应。

b. 分隔符：在菜单项中插入分隔线，不可以对它进行任何编辑。

c. 应用程序项：从 LabVIEW 标准菜单中选择菜单项加入运行菜单。使用 LabVIEW 标准菜单项，不可以进行编辑，也不需要编程响应，由 LabVIEW 对用户的选择进行处理。

运行菜单设置完成以后要将设置结果与程序在同一个目录中保存为 .rtm 文件。同时需要编程，调用各种与菜单相关的 VI 函数进行运行菜单设置。

2. 菜单操作相关 VI 函数

LabVIEW 函数选板中提供图 10-10 所示菜单子模板来帮助用户用程序代码进行运行菜单设置，调出路径为：函数选板→编程→对话框与用户界面→菜单模板。

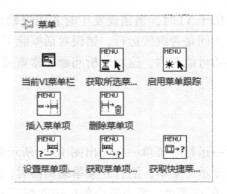

图 10-10　菜单操作相关 VI 函数面板

3. 菜单设计应用举例

【例 10-2】 编写一个 VI，其菜单结构如图 10-11 所示。菜单如下：

图 10-11　菜单结构图

1）文件菜单下的新建、打开和保存子菜单均为用户项，单击后在前面板的显示控件中显示选中菜单名称。

2）单击退出菜单停止 VI 运行。

3）显示程序框图菜单为应用程序项，直接使用 LabVIEW 标准菜单项，单击该菜单直接调出流程图。

首先，新建空白 VI，选择主菜单中编辑下拉列表中的运行时菜单，打开菜单编辑器，首先编辑菜单，如图 10-12 所示。菜单类型改为自定义，添加菜单项，设置菜单项文件、新建、打开、保存、退出和窗口均为用户项，菜单项名称与菜单项标识符相同，不设置快捷方式。菜单项显示程序框图为应用程序项中窗口下的显示程序框图，其他参量均不用设置。编辑菜单完成后保存，关闭菜单编辑器。

图 10-12　编辑菜单

前面板设计：调用 1 个字符串显示控件，如图 10-13 所示。

流程图设计：调用函数模板→编程→对话框与用户界面→菜单下的当前 VI 菜单栏 . vi 函数、获取所选菜单项 . vi 函数和获取菜单项信息 . vi 函数。调用 while 循环和条件结构函数。设置条件结构分支数为 3，修改选择器标签分别为"默认""退出"和""，分支选择器与获取所选菜单项 . vi 函数的项标识符参数相连。按照图 10-14 将其他部分连线。

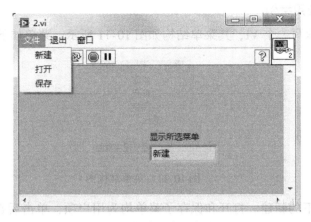

图 10-13　菜单设计程序前面板

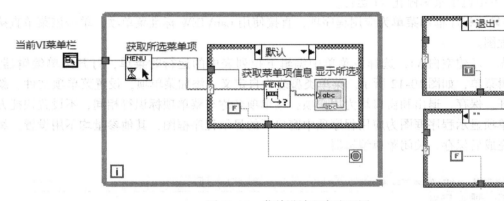

图 10-14　菜单设计程序流程图

10.3　实训　自由空间的光通信

10.3.1　实验目的

1）学习采集卡模拟量输出/输入的使用。

2）学习基于 Lab VIEW 的自由空间光路通信程序的编写。

10.3.2　实验设备与器材

1）计算机。

2）ELVIS 仪器。

3）220Ω、470Ω、1kΩ、10kΩ 电阻，0.1 μF 电容。

4）红外发射器（红色发光二极管）、红外探测器（光敏晶体管）、2N3904 NPN 晶体管。

5）555 定时器。

10.3.3 实验内容及方法

1. 光敏晶体管探测器

要理解光敏晶体管如何工作首先要理解晶体管的特性曲线。晶体管实际上是流控电流放大器。一个较小的基电流控制自集电极至发射极流过晶体管的电流。

完成以下步骤使用光敏晶体管研究不同基极电压下的电流特性曲线。

1）将 2N3904 晶体管插入原型板上标有 3－WIRE、CURRENT HI 和 CURRENT LO 的针脚插槽，如图 10-15 所示。

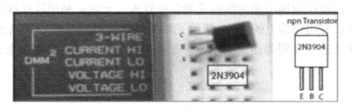

图 10-15　2N3904 晶体管引脚

说明：CURRENT HI 是基极，CURRENT LO 是发射极，3－WIRE 是集电极接头。

2）启动 NI ELVIS 仪器启动界面，选择三端电流－电压分析器（Three- Wire Current-Voltage Analyzer），打开仪器电源。

3）如图 10-16 所示，设置基极电流和集电极电压，单击运行。图中显示了在不同基极电流下，集电极电流关于集电极电压的关系。可以设置集电极电压和基极电流范围的多个参数。运行时，软件前面板首先输出设定的基极电流，然后输出集电极电压，最后测量集电极电流。数据点（I，V）在图中作出，具有相同基极电流的点依次连接为一条曲线。可以观察到曲线作图很快，最后得到不同基极电流下的一簇［IV］曲线。观察发现，对于给定的

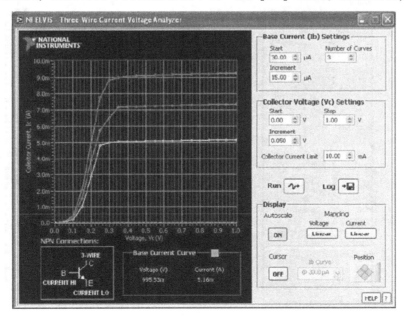

图 10-16　三端电流－电压分析器

集电极电压，随着基极电流的增加，集电极电流也相应增加。光敏晶体管没有基极引脚，取而代之的是，光照射在晶体管上，产生一个与光强成正比的基极电流。例如，如果没有光，晶体管的特性曲线为底部（黄色）曲线；低光强下，晶体管的特性曲线为中部（红色）曲线；高光强下，晶体管的特性曲线为上部（绿色）曲线。当集电极电压高于 0.2V 时，例如在 1.0V 下，集电极电流与照射在基极区域的光强近似呈线性关系。要构造一个光学探测器，只需要电源、限流电阻和光敏晶体管。

2. 自由空间中的红外光链路（模拟）

（1）硬件电路的搭接

使用采集卡的模拟量输出来为红色发光二极管提供光源，利用软件程序对二极管的供电不同来调制发射光；利用仪器上的 5V 电源给光敏晶体管提供电源接收调制光转化成电压，利用模拟量输入的 0 通道（采用差动采集系统）采集电压并在软件中显示出来，如图 10-17 所示。

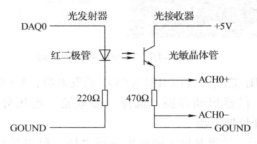

图 10-17　硬件电路图

（2）软件程序编写

程序前面板如图 10-18 所示，程序流程图如图 10-19 所示。

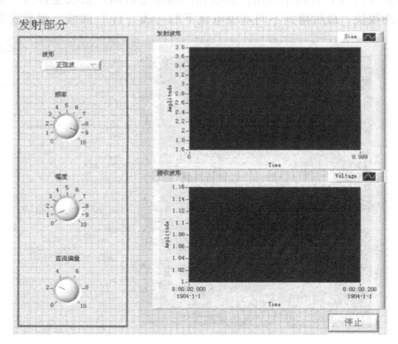

图 10-18　程序前面板图

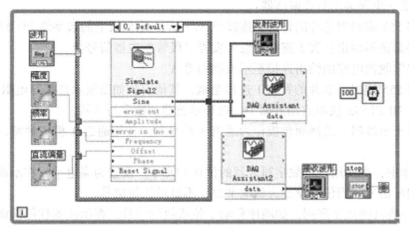

图 10-19　程序流程图

软件前面板上，设置如下参数。

- 幅值：1.5V。
- 直流偏量：+1.5V。
- 波形：正弦波。
- 频率：10 Hz。

运行程序，观察发送和接收信号。改变偏置电压和幅值电平。当接收到的正弦波开始失真时，发送器进入非线性区域。找出线性（无失真）发送链路最合适的偏置值和幅值，这样链路准备就绪，可以发送数据了。

3. 遥控器数字调制

红外光遥控器使用一种特殊的编码方式，称为不归零调制 NRZ。高电平由 40kHz 方波信号表示，而低电平则由无信号表示。40kHz 方波信号使用 555 定时器电路发生，如图 10-20 所示。数字开关连接至针脚 4［RESET］，这样当开关为 HI 时，方波信号就会生成。而当开关为 LO 时，没有振荡发生。

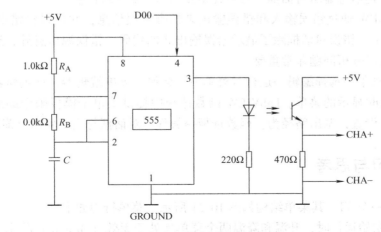

图 10-20　红外光遥控器电路图

完成以下步骤构建闸式振荡器：

1）将 555 定时器芯片的针脚 4 连接至 NI ELVIS 原型板上的数字线 DO 0 输出并行端口。

2）将振荡器输出针脚 3 连接至红外发光二极管发送器信号源。

3）将接收器电路的输出连接至示波器通道 A。

4）将 555 定时器芯片的针脚 1 连接至地，其他引脚如图所示连接好电阻、电容。

5）在 NI ELVIS 仪器启动界面中，选择示波器和数字写入器。

6）对于示波器，选择面包板作为通道 A 信号源。使用通道 A 模拟触发，触发等级设置为 0.5V。

在操作中，每次用户将数字写入器的位 0（DO 0）设置为高电平，在示波器上就会出现一个 1.0kHz 信号。当位 0 设置为低电平时，不显示任何信号。

尝试一些其他数字序列，如顺序移动 1 位或斜坡信号，在示波器软件前面板中观察调制方案。

10.3.4　注意事项

1）实验板通电前请仔细检查连接电路，确保无误后，方可通电调试。

2）测量前在计算机上选择好测量项目，将其打开。

3）仪器在不使用时及时关掉电源。

注意：测量时请勿触碰仪器的其他部分按钮，以免误操作损坏仪器。

10.4　本章小结

1）VI 有很多属性是可以设置的，这其中包括：VI 图标、VI 修改历史、VI 帮助文档、密码保护、前面板显示内容、窗口大小、执行控制和打印属性等。通过配置这些属性可以让用户的 VI 适合在不同的场合运行。

2）对话框 VI 函数在函数选板的编程→对话框与用户界面子模板下。按类型分为两种对话框：一种是信息显示对话框，另一种是提示用户输入对话框。

3）LabVIEW 通过错误输入和错误输出来携带错误信息，并可以将错误信息从底层 VI 传递到上层 VI，错误对话框除了显示错误输出簇的代码、错误源信息外，还会显示错误的可能原因，这对分析问题非常重要。

4）在主菜单中选择编辑→运行时菜单……会弹出菜单编辑器，该编辑器可以帮助用户编辑程序运行时显示的菜单。LabVIEW 函数选板中提供菜单子模板来帮助用户用程序代码进行运行菜单设置，调出路径为：函数选板→编程→对话框与用户界面→菜单模板。

10.5　练习与思考

1）编写一个 VI，其菜单结构如图 10-21 所示。菜单行为如下：

①当 VI 初始运行时，升温和降温两个菜单项处于无效（Disable）状态，当用户单击启动菜单项后，这两个菜单变为使能（Enable）状态，同时启动菜单项变为无效状态。

②单击"退出"按钮停止 VI 运行。

③单击"其他"按钮，弹出图 10-22 所示的对话框。

④要求最好用事件结构实现。

图 10-21　习题 1）的菜单结构

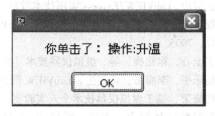

图 10-22　对话框

2）写一个能够传递错误的子 VI，子 VI 的功能是 $a+b=c$，当有错误输入时，错误直接输出，c 输出为 0。当无错误输入时，进行正常计算。

参 考 文 献

[1] 雷振山. LabVIEW7Express 实用技术教程 [M]. 北京：中国铁道出版社，2004.

[2] 程学庆，房晓溪，韩薪莘，张健. LabVIEW 图形化编程与实例应用 [M]. 北京：中国铁道出版社，2005.

[3] 丁士心，崔桂梅，等. 虚拟仪器技术 [M]. 北京：科学出版社，2005.

[4] 杨乐平，李海涛，肖相生. LabVIEW 程序设计与应用 [M]. 北京：电子工业出版社，2001.

[5] 陆绮荣. 基于虚拟仪器技术个人实验室的构建 [M]. 北京：电子工业出版社，2006.

[6] 石博强，赵德永，李畅，雷振山. LabVIEW6.1 编程技术实用教程 [M]. 北京：中国铁道出版社，2002.

[7] 杨智，袁媛，贾延江. 虚拟仪器教学实验简明教程——基于 LabVIEW 的 NI ELVIS [M]. 北京：北京航空航天大学出版社，2007.

[8] 陈锡辉，张银鸿. LabVIEW 8.20 程序设计从入门到精通 [M]. 北京：清华大学出版社，2007.